Monika Góra

Ligandy ciekłokrystaliczne, a samoorganizacja nanocząstek złota

AF818901

Monika Góra

Ligandy ciekłokrystaliczne, a samoorganizacja nanocząstek złota

Synteza prętopodobnych ligandów ciekłokrystalicznych i badanie ich wpływu na samoorganizację nanocząstek złota

Wydawnictwo Bezkresy Wiedzy

Impressum / Imprint
Bibliografische Information der Deutschen Nationalbibliothek: Die Deutsche Nationalbibliothek verzeichnet diese Publikation in der Deutschen Nationalbibliografie; detaillierte bibliografische Daten sind im Internet über http://dnb.d-nb.de abrufbar.
Alle in diesem Buch genannten Marken und Produktnamen unterliegen warenzeichen-, marken- oder patentrechtlichem Schutz bzw. sind Warenzeichen oder eingetragene Warenzeichen der jeweiligen Inhaber. Die Wiedergabe von Marken, Produktnamen, Gebrauchsnamen, Handelsnamen, Warenbezeichnungen u.s.w. in diesem Werk berechtigt auch ohne besondere Kennzeichnung nicht zu der Annahme, dass solche Namen im Sinne der Warenzeichen- und Markenschutzgesetzgebung als frei zu betrachten wären und daher von jedermann benutzt werden dürften.

Informacja bibliograficzna Niemieckiej Biblioteki Narodowej: Niemiecka Biblioteka Narodowa rejestruje tę publikację w Niemieckiej Bibliografii Narodowej; szczegółowe informacje bibliograficzne dostępne są w Internecie na stronie http://dnb.d-nb.de.
Wszelkie nazwy znaków firmowych i nazwy produktów wymienione w niniejszej publikacji podlegają prawu ochrony własności przemysłowej i stanowią znaki towarowe lub zarejestrowane znaki towarowe należące do ich właścicieli. Przez fakt użycia nazw znaków firmowych, nazw produktów, nazw zwyczajowych, nazw handlowych, opisów produktów itp., nawet bez dokładnego ich oznaczenia, nie należy rozumieć, że nazwy te nie są objęte prawem ochrony własności przemysłowej i że mogą być wykorzystywane bez ograniczeń.

Coverbild / Okładka: www.ingimage.com

Verlag / Wydawnictwo:
Wydawnictwo Bezkresy Wiedzy
ist ein Imprint der / jest znakiem handlowym
OmniScriptum GmbH & Co. KG
Heinrich-Böcking-Str. 6-8, 66121 Saarbrücken, Deutschland / Niemcy
Email: info@bezkresywiedzy.com

Herstellung: siehe letzte Seite /
Druk: patrz ostatnia strona
ISBN: 978-3-639-89065-5

Copyright © 2013 OmniScriptum GmbH & Co. KG
Alle Rechte vorbehalten. / Wszystkie prawa zastrzeżone. Saarbrücken 2013

SPIS TREŚCI

ROZDZIAŁ I

Cel I Zakres Badań

Celem przeprowadzonych przez mnie badań była synteza nowych układów będących połączeniem organicznych ligandów mezogenicznych / promezogenicznych typu rod - like oraz nieorganicznych elementów metalicznych, czyli nanocząstek złota.

Badania rozpoczęłam od przeprowadzenia czterech wieloetapowych syntez, w wyniku których otrzymałam prętopodobne ligandy ciekłokrystaliczne (związki **16**, **17**, **18**, **19**) zawierające grupę merkaptanową oraz wiązanie amidowe jako łącznik pomiędzy rdzeniem molekuły, a łańcuchami terminalnymi. Podłużny kształt nadał cząsteczkom fragment 4, 4' – bifenylowy (schemat 1.1). Elementem różnicującym molekuły była zawada steryczna generowana przez łańcuchy terminalne R^1 i R^2 ugrupowania amidowego (schemat 1.1).

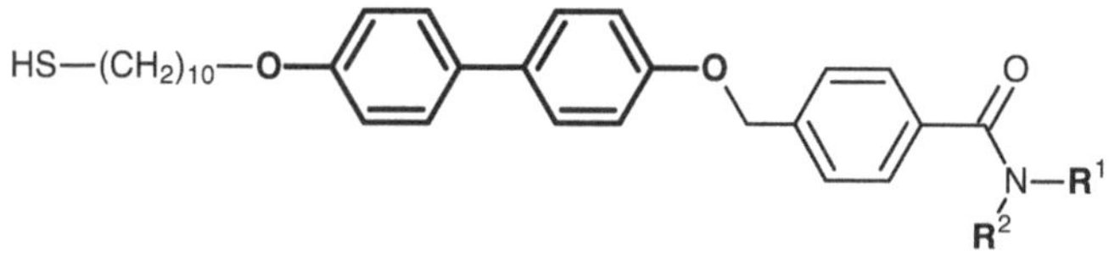

Schemat 1.1.

W drugiej części pracy otrzymałam nanocząstki złota różniące się rodzajem pierwotnej monowarstwy (wykorzystałam nanocząstki pokryte butanotiolem (Au@C4), heksanotiolem (Au@C6), cykloheksanotiolem (Au@C6 - cyklo), oktanotiolem (Au@C8), dekanotiolem (Au@C10) oraz oktadekanotiolem (Au@C18)), które następnie zmodyfikowałam wcześniej zsyntetyzowanymi ligandami (16, 17, 18, 19). Otrzymałam dwadzieścia cztery typy nanocząstek złota, w których część ligandów opłaszczenia pierwotnego uległa wymianie na ligandy ciekłokrystaliczne.

Ostatnim etapem przeprowadzonych przeze mnie badań były pomiary fizykochemiczne mające na celu zbadanie właściwości ciekłokrystalicznych zsyntetyzowanych ligandów oraz ich wpływu na samoorganizację nanocząstek złota.

ROZDZIAŁ II

Wstęp Teoretyczny

2.1. Substancje o właściwościach ciekłokrystalicznych.

Molekuły o silnie anizotropowym kształcie (podłużnym, wygiętym, dyskotycznym – schemat 2.1) charakteryzują się zdolnością do generowania pośredniej fazy (tzw. mezofazy) pomiędzy krystalicznym, a ciekłym stanem skupienia. Mezofaza może powstać podczas ogrzewania / chłodzenia (mezofaza termotropowa) lub rozpraszania w odpowiednim ośrodku (mezofaza liotropowa). Wytworzenie drugiej z nich jest zależne od bardzo wielu subtelnych oddziaływań międzycząsteczkowych, które łatwo jest zaburzyć, dlatego są one przedmiotem oddzielnych badań fizykochemicznych. Dużo dokładniej bada się fazy generowane pod wpływem temperatury.

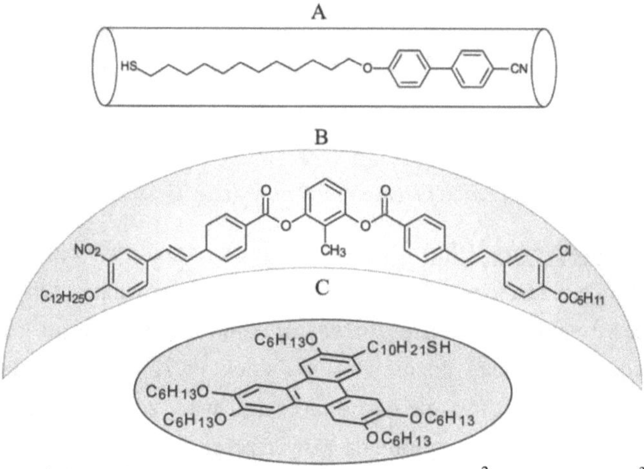

Schemat 2.1. *Ciekłe kryształy o kształcie podłużnym[2] (A), wygiętym[3] (B) i dyskotycznym[4] (C).*

Molekuły substancji nie wykazujących właściwości ciekłokrystalicznych podczas topnienia zyskują możliwość translacji, czyli swobodnego przesuwania się względem siebie oraz rotacji, czyli możliwości obrotu wokół dowolnej osi, a więc uzyskują pełną swobodę ruchu. W przypadku substancji ciekłokrystalicznych każdy z tych procesów zachodzi w innej temperaturze. Przy przejściu kryształ – ciekły kryształ cząsteczki uzyskują całkowitą swobodę translacji w niektórych kierunkach (fazy smektyczne, fazy kolumnowe); molekuły mogą obracać się wokół pewnych osi (fazy nematyczne). Podczas przejścia ciekły kryształ – ciecz izotropowa molekuły uzyskują pełną swobodę translacji.

NAJWAŻNIEJSZE MEZOFAZY TERMOTROPOWE

Faza nematyczna (N) – w fazie tej obserwuje się uporządkowanie kierunku długich osi molekuł (dla cząsteczek liniowych) lub ich osi krótkich (dla cząsteczek dyskopodobnych). Odchylenie molekuł od ich średniego kierunku (direktora) o pewien kąt spowodowane jest ruchami termicznymi (schemat 2.2).

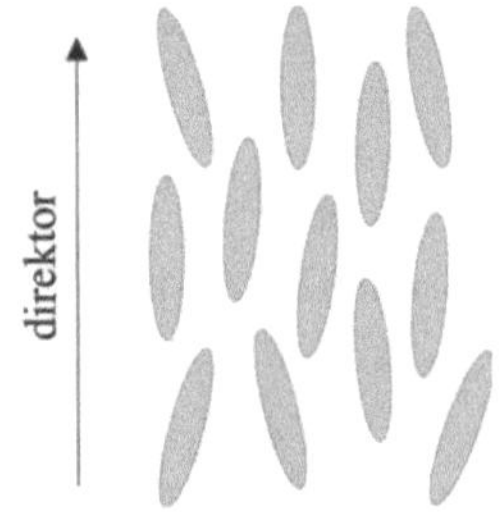

Schemat 2.2. *Ułożenie molekuł w fazie nematycznej.*

Faza smektyczna (Sm) – faza, której charakterystyczną cechą jest uporządkowanie cząsteczek w warstwy. Molekuły wewnątrz każdej z nich układają się równolegle swoimi dłuższymi osiami. Wyróżniono wiele typów faz smektycznych, należą do nich m. in. smektyk A (SmA) – dłuższe osie molekuł ułożone są prostopadle do powierzchni warstwy; smektyk C (SmC) – dłuższe osie molekuł są nachylone do powierzchni warstwy (schemat 2.3).

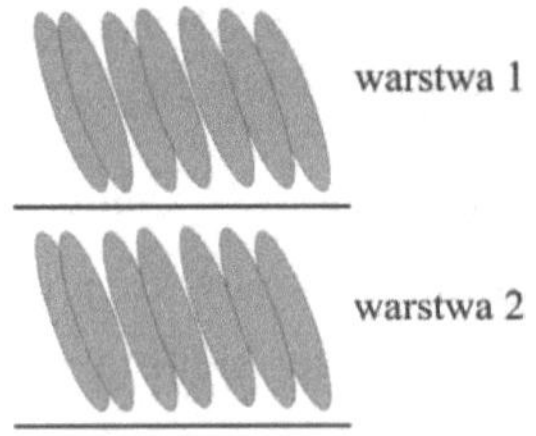

Schemat 2.3. *Ułożenie molekuł dla smektyka C.*

Faza kolumnowa (D) – cząsteczki o kształcie dysków układają się w kolumny, które mogą być dodatkowo zorganizowane względem siebie; wyróżnia się wśród nich: fazę heksagonalną (komórka elementarna ma kształt sześciokąta foremnego; schemat 2.4), fazę rektangularną (komórka elementarna ma kształt kwadratu) oraz skośną (komórka elementarna ma kształt równoległoboku).

Schemat 2.4. *Ułożenie molekuł w fazie kolumnowej heksagonalnej.*

2.2. Nanotechnologia – podstawowe informacje[1].

Przedmiotem badań tej niezwykle popularnej obecnie dziedziny nauki są obiekty, których przynajmniej jeden wymiar zawiera się w przedziale od 0,1 do 100nm (należą do nich m. in. nanorurki węglowe, kropki kwantowe i metaliczne nanocząstki). Nanotechnologia zajmuje się projektowaniem i tworzeniem nanomateriałów, a następnie badaniem ich właściwości. Wymiary takich materiałów sprawiają, że wykazują one właściwości odmienne od własności pojedynczych atomów (dla których odległości typowe to 1nm = 10^{-9}m) i typowych kryształów (dla których odległości typowe to 10^{-7}m). To właśnie te różnice mają ogromny wpływ na niesłabnące zainteresowanie tego rodzaju układami i tym co mogą zaoferować.

2.2.1. Właściwości, które ulegają zmianie podczas przejścia od skali makro do skali nano.

Jako pierwsze wymienić należy *właściwości termiczne* – wraz ze zmniejszeniem skali widoczne jest obniżenie temperatury topnienia w stosunku do temperatury topnienia kryształu[5].

Nanomateriały charakteryzują się również dużą *wytrzymałością mechaniczną*. Im mniejszy rozmiar obiektu tym trudniejsze staje się powstanie defektu w materiale (z tym właśnie związane są na przykład takie właściwości jak odporność na pękanie). Najlepszym przykładem są związki węgla – nanorurki węglowe, które charakteryzują się niespotykaną wytrzymałością mechaniczną i sprężystością.

Duży stosunek powierzchni cząstek do ich objętości sprawia, że wykazują one nietypową *reaktywność chemiczną* (wynikającą ze zwiększonej liczby elektronów powierzchniowych i dostępnych orbitali). Dzięki zastosowaniu katalizatorów opartych na układach nanometrycznych można zwiększyć szybkość, selektywność i wydajność reakcji[7]. Dodatkowo możliwe jest wyeliminowanie części produktów ubocznych. Przykładem jest reakcja selektywnego utleniania D – sorbitolu w obecności katalizatorów opartych o platynę, pallad i złoto[6]. Naukowcy sprawdzili w jaki sposób wyżej wymienione katalizatory wpływają na selektywność i wydajność reakcji. Czas trwania tej reakcji jest bardzo długi, a zastosowane katalizatory nie powodują znacznego przyspieszenia (po sześciu godzinach przereagowało niespełna 40% substratów). Jednak dzięki zastosowaniu katalizatora Au / C otrzymano produkt monokarboksylowy z największą selektywnością (60%).

Zmniejszaniu wielkości towarzyszy pojawienie się nowych *właściwości magnetycznych* i *optycznych*. Atomy znajdujące się na powierzchni NPs sprzęgają się magnetycznie z atomami sąsiednimi, co powoduje pojawienie się własności odmiennych od własności ciał stałych. Magnetyczne nanocząstki mogą znaleźć zastosowanie jako systemy obrazowania czy urządzenia o zwiększonej gęstości zapisu danych[8]. Z nowymi właściwościami optycznymi związane jest zjawisko powierzchniowego rezonansu plazmonowego (SPR). Wynika ono z oddziaływania promieniowania elektromagnetycznego z nanocząstkami (np. złota). Fala elektromagnetyczna o odpowiedniej długości (dla złota są to długości z zakresu widzialnego) wprawia w drgania elektrony znajdujące się na ich powierzchni. Maksimum absorpcji zależy od materiału z jakiego zostały wykonane nanocząstki, ich kształtu oraz wielkości. Na przykład wraz ze wzrostem długości nanoprętów złota maksimum absorpcji przesuwa się w stronę dłuższych fal (ok.670nm dla nanoprętów o długości 2,4nm oraz ok. 1000nm dla nanoprętów o długości 5,6nm)[9].

2.2.2. Metody wytwarzania nanostruktur.

Podczas projektowania nanomateriałów wykorzystuje się dwa podejścia. Pierwsze z nich, *„top – down"*, opiera się na zmniejszaniu większych struktur przy pomocy mielenia, cięcia, trawienia i innych metod obróbki ciał stałych (schemat 2.6). W przypadku przemysłowej produkcji nanomateriałów największą rolę odgrywa mielenie[10, 11, 12, 13]. W procesie tym, prowadzonym bez dostępu powietrza, materiał rozdrabniany jest między dwoma obracającymi się żarnami. Najczęściej rozdrabnianym materiałem są metale, więc metoda ta pozwala na uzyskanie nanostrukturalnych stopów.

Kolejną metodą wykorzystującą podejście typu „top – down" jest litografia. W pierwszym etapie tego procesu podłoże pokrywa się warstwą substancji ochronnej, a następnie nanosi na nią wybrany kształt nanostruktury. W *fotolitografii* czynnikiem nadającym kształt są promieniowanie UV lub X, a także elektrony lub jony (zastosowanie fotomaski pozwala na przepuszczenie promieniowania tylko w miejscach, w których ma powstać nanostruktura). Tak przygotowaną powierzchnię poddaje się trawieniu (chemicznemu, plazmowemu[14] itp.). W wyniku tego procesu usuwana jest niepożądana część substancji ochronnej. Pozostałość stanowi szablon, z którego powstanie (po osadzeniu dodatkowej substancji) nanostruktura. Odmianą litografii, która ma więcej zalet jest tzw. miękka litografia. W metodzie tej jako czynnika kształtującego wzór nanostruktury stosuje się formę lub stempel (schemat 2.5).

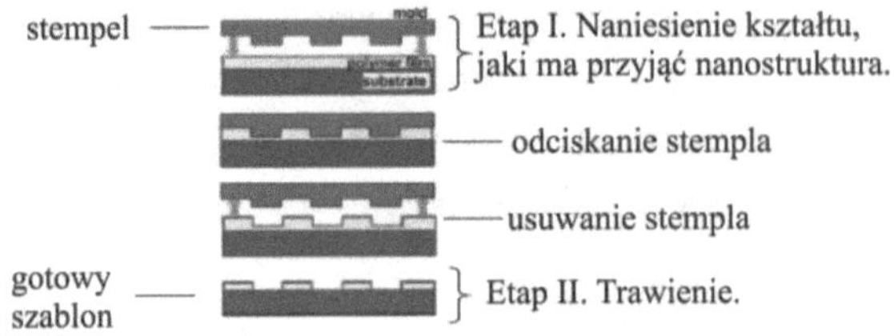

Schemat 2.5. *Schematyczne przedstawienie procesu miękkiej litografii*[15, 16].

Opisane powyżej metody litograficzne stosowane są do wytwarzania układów scalonych, elektronicznych urządzeń optoelektronicznych oraz układów służących do zapisu danych.

Drugie, przeciwstawne, podejście do wytwarzania nanostruktur to podejście „*bottom – up*" (schemat 2.6), w którym większe struktury „buduje się" z atomów i molekuł, co ułatwia kontrolę wielkości elementów składowych oraz cech powierzchni i wnętrza powstającego nanomateriału (dzięki temu możliwe jest otrzymanie materiałów funkcjonalnych, czyli materiałów o określonych wcześniej właściwościach). Procesy bottom – up można podzielić na dwie grupy: syntezę chemiczną, przeprowadzaną w fazie stałej, ciekłej lub gazowej oraz procesy ściśle kontrolowanego osadzania i wzrostu materiałów. Powyższe cechy podejścia „bottom – up" powodują, że procesy wytwarzania należy traktować jak niezwykle skomplikowaną syntezę chemiczną, łączącą reakcje chemiczne, wieloetapowe procesy oraz zjawiska fizykochemiczne polegające na dążeniu do obniżenia energii układów (proces samoorganizacji).

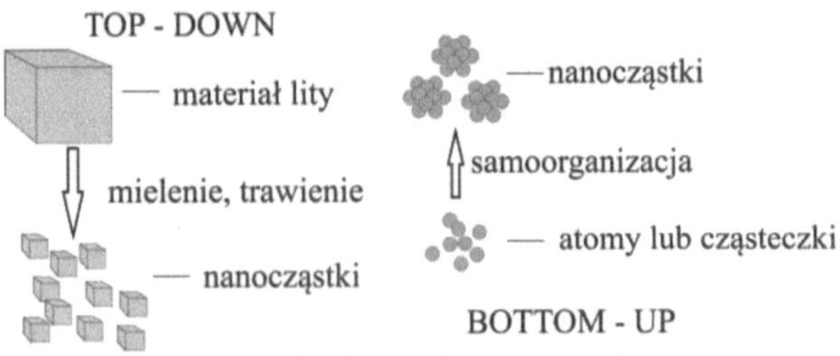

Schemat 2.6. *Porównanie dwóch głównych grup metod syntezy nanomateriałów*[1].

2.3. Metody syntezy nanocząstek złota.

W literaturze opisane zostały metody syntezy, właściwości i sposób wykorzystania ogromnej liczby nanomateriałów. Niemożliwym jest opisanie wszystkich z nich. W związku z tym dalsza część niniejszej pracy, poświęcona będzie, wykorzystanym w trakcie badań, nanocząstkom złota.

Poznane dotąd metody wytwarzania AuNPs podzielić można na następujące grupy:
- ✓ metody chemiczne;
- ✓ metody fizykochemiczne;
- ✓ metody biologiczne.

2.3.1. Metody chemiczne[17].

Przez długi czas najpopularniejszą chemiczną metodą syntezy AuNPs była, zaproponowana w 1951 roku przez Turkevitcha[18], prowadzona środowisku wodnym, reakcja redukcji soli złota za pomocą cytrynianu trisodu w obecności substancji zapobiegającej agregacji. Otrzymano w ten sposób nanocząstki o wielkości ok. 20nm. Dalsze badania, polegające na zmianie stosunku soli złota do czynnika stabilizującego, doprowadziły do otrzymania serii nanocząstek o wielkości od 16nm do 147nm[19]. Nie był to jeszcze wynik zadowalający, więc kontynuowano prace nad metodami pozwalającymi na otrzymanie cząstek o rozmiarach rzędu kilku nanomaterów. Przełom nastąpił w 1994 roku, gdy zaproponowano prostą syntezę stabilnych na powietrzu nanocząstek złota o średnicy ok. 5nm.

Synteza zaproponowana przez Brusta i Schiffrina[20] polegała na dwufazowej reakcji redukcji soli złota za pomocą borowodorku sodu w obecności czynnika stabilizującego (alkanotiolu). W pierwszym etapie jony tetrachlorozłotowe zostały przeniesione za pomocą katalizatora przeniesienia fazowego (bromek tetraoktyloamoniowy), z warstwy wodnej do warstwy organicznej (toluen):

$$AuCl_4^- (warstwa\ wodna) \xrightarrow{N(C_8H_{17})Br} AuCl_4^- (toluen)$$

Następnie do mieszaniny tej wprowadzono dodekanotiol – substancję zapobiegającą agregacji nanocząstek:

$$AuCl_4^-(toluen) \xrightarrow{C_{12}H_{25}SH} (AuCl_4^-)_x(C_{12}H_{25}S)_y(toluen)$$

Ostatnim etapem była redukcja soli złota (III) do złota metalicznego:

$$(AuCl_4^-)_x(C_{12}H_{25}S)_y(toluen) \xrightarrow{NaBH_4} Au_x(C_{12}H_{25}S)_y(toluen)$$

Po zakończeniu reakcji częściowo odparowano rozpuszczalnik i produkt reakcji oczyszczano za pomocą serii wytrąceń za pomocą alkoholu etylowego. Wydajność przeprowadzonej reakcji wynosiła 93%, a wielkość otrzymanych nanocząstek (1 – 3nm) zależała od stosunku soli złota do czynnika stabilizującego.

Metoda Brusta i Schiffrina jest wciąż udoskonalana. W literaturze znaleźć można wiele publikacji na temat sposobów jej modyfikacji. Przykładem może być jednoetapowa synteza AuNPs stabilizowanych związkiem z grupy tanin[21]. Zastosowany w reakcji związek BT stanowił zarówno czynnik zapobiegający agregacji jak i czynnik redukujący sól złota (III) do złota metalicznego. BT, który składa się głównie ze spolimeryzowanego flawon – 3 – olu, może pełnić podwójną rolę ponieważ:

✓ grupy hydroksylowe (numer **2** na schemacie 2.7) znajdujące się przy pierścieniu B są zdolne do chelatowania jonów metali (m. in. Cu^{2+}, Pd^{2+});

✓ grupa hydroksylowa (numer **1** na schemacie 2.7) znajdująca się przy pierścieniu B może zostać utleniona (dając jako produkt odpowiedni benzochinon);

✓ układ skondensowanych pierścieni aromatycznych stanowi zawadę steryczną, uniemożliwiając agregację nanocząstek.

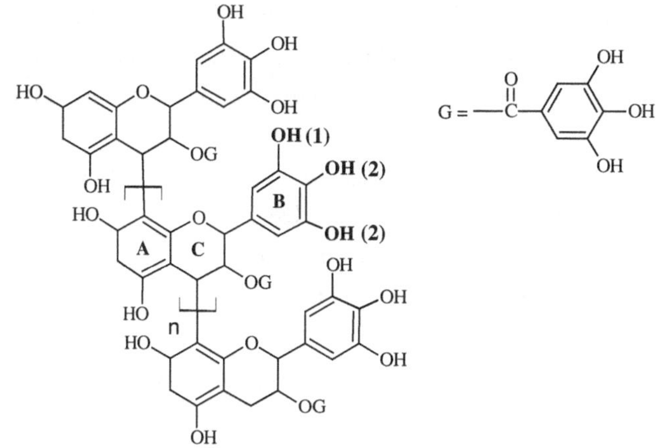

Schemat 2.7. *Wzór strukturalny związku BT.*

Poprzez kontrolę stosunku BT do złota możliwe stało się otrzymanie nanocząstek o różnych rozmiarach. Zsyntetyzowano nanocząstki BT_xAuNPs, dla których x = 100, 200, 400, 600, 800. Wielkość nanocząstek zmieniała się od 15 – 45nm dla x = 100 do 1 – 3nm dla x = 800.

2.3.2. Metody fizykochemiczne.

Do kolejnej grupy metod zaliczyć można takie sposoby syntezy, w których czynnikiem ułatwiającym zajście reakcji są:

✓ promieniowanie UV – Vis lub bliskiej podczerwieni (*metody fotochemiczne*)[22];

✓ promieniowanie γ (*radioliza*)[23];

✓ ultradźwięki (*sonifikacja*)[24].

Każda z wymienionych metod opiera się na reakcji rodnikowej. Podczas jednego z pierwszych etapów, odpowiedni czynnik (promieniowanie UV – Vis, γ lub ultradźwięki) powoduje powstanie rodnika, którego potencjał pozwala na zredukowanie soli złota (III) do złota metalicznego. Są to metody drogie i często skomplikowane dlatego nie będą szczegółowo omawiane.

2.3.3. Metody biologiczne[25, 26].

Synteza nanocząstek złota o określonym kształcie i rozmiarze jednym z powyższych sposobów jest niezwykle skuteczna. Jednak odkąd kontrolowana synteza nanocząstek stanowi ważny aspekt nanotechnologii odkrywane są nowe, efektywne metody ich wytwarzania. Biosynteza AuNPs stanowi część tzw. zielonej chemii. Do tej pory w literaturze opisano nanocząstki wytworzone przez bakterie, grzyby, drożdże i wirusy. Ponieważ wydajności tego typu reakcji są niewielkie konieczne stało się ich ulepszanie (dokonuje się tego przez połączenie na przykład metod fotochemicznych z biosyntezą). Wykorzystanie mikroorganizmów pozwala na otrzymanie zarówno nanocząstek o wielkości poniżej 10nm jak i nanocząstek o wielkości ok. 100nm.

2.4. Wpływ ligandów mezogenicznych / promezogenicznych na samoorganizację nanocząstek złota.

W rozdziale 2.1 niniejszej pracy opisane zostały właściwości molekuł wykazujących właściwości ciekłokrystaliczne. Tendencja do tworzenia uporządkowanych struktur przez ligandy mezogeniczne i promezogeniczne może zostać wykorzystana do syntezy nanocząstek złota charakteryzujących się uporządkowaniem dalekiego zasięgu. Bardzo popularne są ciekłe kryształy zawierające grupę merkaptanową, gdyż duże powinowactwo złota do siarki ułatwia modyfikację powierzchni nanocząstek. W kolejnej części pracy opisane zostaną wybrane przykłady modyfikacji powierzchni nanocząstek złota ligandami o następujących kształtach:

✓podłużnym (typu „rod – like”);

✓wygiętym („bananowym”);

✓dyskotycznym.

NANOCZĄSTKI ZŁOTA MODYFIKOWANE MEZOGENEM PODŁUŻNYM

Naoki Kanayama[27] jako jeden z pierwszych zbadał AuNPs zmodyfikowane powierzchniowo ligandami typu rod – like. Wraz ze współpracownikami wykorzystał ligand 5CP10SH (schemat 2.8) o właściwościach ciekłokrystalicznych (faza nematyczna: 43 – 34°C oraz faza smektyczna: 34 – 21°C). Podczas syntezy nanocząstek złota wykorzystano opisaną w punkcie 2.3.1 metodę Brusta i Schiffrina, otrzymane nanocząstki miały wielkość około 3 nm. Wykonane widma ^{1}HNMR liganda oraz zmodyfikowanych nanocząstek wykazały brak molekuł swobodnego liganda (brak sygnału pochodzącego od protonów α-CH_2 świadczy o przyłączeniu molekuł do powierzchni AuNPs). Zsyntetyzowane układy hybrydowe nie wykazywały jednak uporządkowania dalekiego zasięgu.

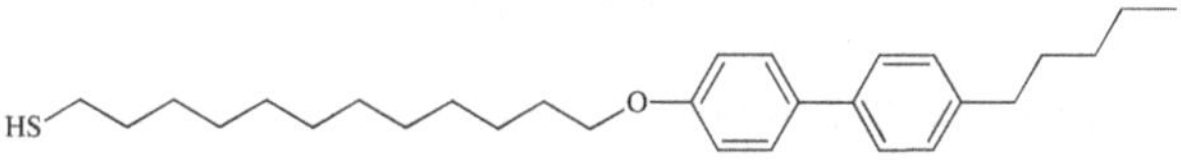

Schemat 2.8. *5CP10SH – wzór strukturalny.*

Badania przeprowadzone przez I. Ina[2] i współpracowników wykazały, że modyfikacja powierzchni nanocząstek złota ligandem o nieco innej strukturze prowadzi do powstania układów wykazujących zdolność do organizacji w złożone struktury. Wykorzystany został ligand (schemat 2.9), który tworzy fazę nematyczną (50 – 60°C), a po podłączeniu do powierzchni nanocząstek wykazuje właściwości typowe dla smektyka. Wynika z tego sposób uporządkowania nanocząstek złota po ogrzaniu próbki do 140°C i ochłodzeniu do temperatury pokojowej. Przyłączone mezogeny dążą do przyjęcia stanu najbardziej uprzywilejowanego termodynamicznie, dzięki czemu obserwuje się jednowymiarowe konstrukcje (odległości pomiędzy sąsiednimi nanocząstkami w rzędzie wynoszą 2nm, natomiast odległości pomiędzy sąsiednimi rzędami równe są 5,8nm i są wypełnione przez cząsteczki liganda).

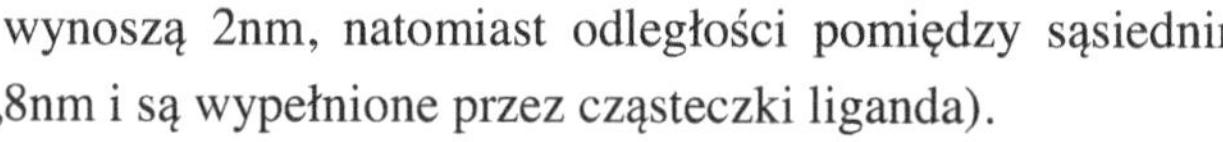

Schemat 2.9. *Wzór strukturalny liganda zsyntetyzowanego przez Ina i współpracowników.*

W zespole prof. Mieczkowskiego[28] również zbadano wpływ ligandów prętopodobnych na samoorganizację nanocząstek. Za pomocą reakcji wymiany dokonano wymiany części ligandów pierwotnych (n – alkilotiolowych) na ligandy wtórne, które stanowiły ligandy 1, 2, 3 (schemat 2.10). Badania rentgenograficzne pozwoliły na określenie sposobu rozłożenia ligandów wokół metalicznego rdzenia – ligandy wtórne tworzą dwie grupy „u góry" i „u dołu" nanocząstki, a ligandy pierwotne znajdują się między nimi. Powstające nanocząstki przyjmują kształt cylindrów. AuNPs@1 uporządkowują się w warstwy, a AuNPs@2 i AuNPs@3 tworzą kolumny.

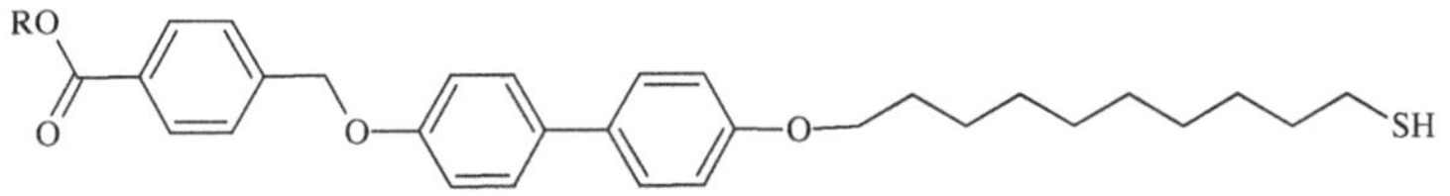

dla Liganda 1 R=CH(C_9H_{19})$_2$
dla Liganda 2 R=CH(C_4H_9)$_2$
dla Liganda 3 R=CH(CH_3)(C_6H_{13})

Schemat 2.10. *Wzory strukturalne ligandów 1 – 3.*

NANOCZĄSTKI ZŁOTA
MODYFIKOWANE MEZOGENEM WYGIĘTYM

Układy łączące nanocząstki złota i mezogeny bananowe zbadali Marx i współpracownicy[29]. Do modyfikacji powierzchni nanocząstek złota pokrytych heksanotiolem wykorzystano ligandy BC10 i BC15. Podczas syntezy zastosowano zmodyfikowaną, jednoetapową metodę Brusta i Shiffrina. Układy te nie wykazywały właściwości ciekłokrystalicznych.

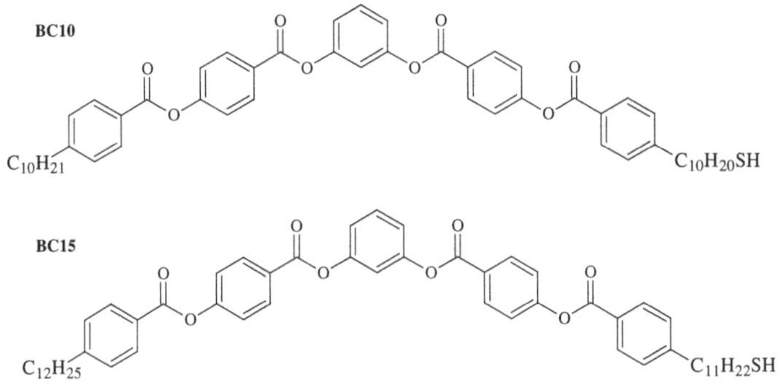

Schemat 2.11. *BC10 i BC15 – wzory strukturalne.*

Grupie profesora Mieczkowskiego[28] udało się zsyntetyzować nanocząstki złota zmodyfikowane ligandem mezogenicznym (Cry 70,1 Col_{hex} 107,1 Iso) o podobnej strukturze. AuNPs@4 charakteryzują się uporządkowaniem krótkiego zasięgu (układ regularny, ściennie centrowany).

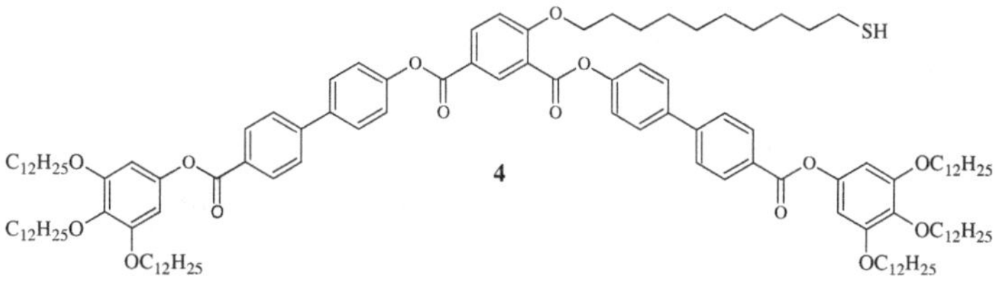

***Schemat 2.12**. 4 – wzór strukturalny.*

NANOCZĄSTKI ZŁOTA
MODYFIKOWANE MEZOGENEM DYSKOTYCZNYM

Zespół M. Yamady[30] wykorzystał mezogen dyskotyczny do modyfikacji powierzchni nanocząstek złota.

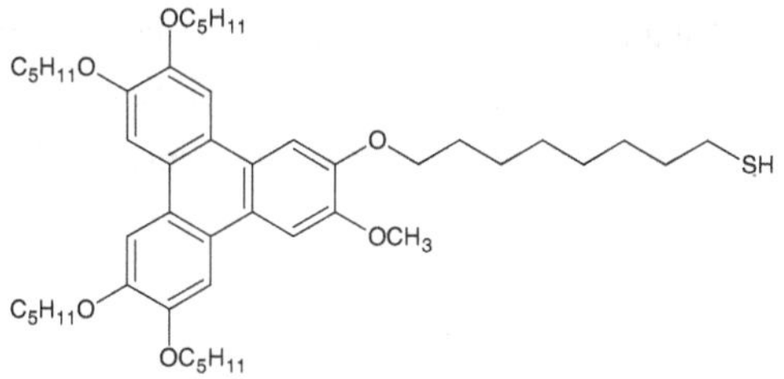

***Schemat 2.13**. Wzór strukturalny mezogenu dyskotycznego (TP).*

Oddziaływania typu π - π pomiędzy pierścieniami aromatycznymi ligandów są odpowiedzialne za uporządkowanie nanocząstek. Pierścienie aromatyczne „nakładają się na siebie" skracając odległości między sąsiednimi nanocząstkami, która wynosi 2,6nm (w przypadku braku oddziaływań typu π - π wynosi ona 4,2nm, a za uporządkowanie odpowiedzialne są łańcuchy alkilowe).

Poprzez zmianę polarności zastosowanego rozpuszczalnika (zmiana stosunku metanol: toluen) możliwe jest wymuszenie na nanocząstkach innego sposobu uporządkowania. W przypadku rozpuszczalnika polarnego (przewaga metanolu) obserwuje się uporządkowanie jednowymiarowe (rysunek 2.1B), natomiast w rozpuszczalniku niepolarnym istnieją struktury heksagonalne (rysunek 2.1.A).

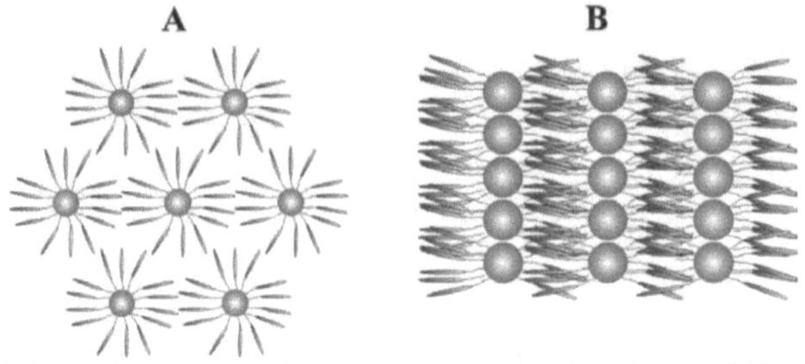

Rysunek 2.1. *Ułożenie nanocząstek w rozpuszczalniku niepolarnym (A) oraz polarnym (B).* [31]

Powyższe przykłady pokazują, w jaki sposób można kontrolować właściwości struktur łączących materiały nanostrukturalne i substancje ciekłokrystaliczne wykazujące zdolności do dalekozasięgowego uporządkowania. Układy wykazujące zdolność do organizacji w dwóch lub trzech wymiarach mogą znaleźć zastosowanie w konstrukcji nowych metamateriałów[33] (substancji o ujemnym współczynniku załamania światła). Te z kolei mogą zostać wykorzystane do budowy płaskich soczewek, czy tzw. czapki niewidki, która uczyni przedmiot niewidzialnym dla fali elektromagnetycznej o odpowiedniej długości.

2.5. Zastosowanie nanocząstek złota.

Znaczna większość spośród opracowanych metod syntezy AuNPs opiera się na redukcji soli złota (III) do złota metalicznego w obecności substancji stabilizującej. Jej obecność uniemożliwia nowo powstałym nanocząstkom agregację. Gdyby podczas syntezy nie został wprowadzony taki czynnik doszłoby do połączenia NPs w większe skupiska i utraty właściwości wynikających z niewielkiego rozmiaru. Jest zatem zrozumiałe, że możliwość zastosowania nanocząstek złota w danej dziedzinie zależy od rodzaju zastosowanego liganda.

Organizacja nanocząstek w większe, uporządkowane struktury pozwala na zmniejszenie rozmiarów urządzeń oraz części optoelektronicznych[35] (takich jak: falowody czy soczewki). Obecnie większość z nich wytwarzana jest metodami „top - down" (rozdział 2.2.2 niniejszej pracy). Takie podejście do syntezy jest drogie, a rozmiar generowanych w ten sposób nanocząstek nie jest jednolity. Bardzo ważne zatem jest podejście „bottom - up", w którym na drodze samoorganizacji powstają większe obiekty. Ten typ metod reprezentują opisane w poprzednim rozdziale sposoby syntezy nanocząstek złota, zmodyfikowanych powierzchniowo mezogenami.

Dotychczas zdolność nanocząstek do samoorganizacji została wykorzystana w czujnikach chemicznych[36] i bioczujnikach [37, 38], za pomocą których możliwe jest oznaczanie aktywności enzymów[37] czy stężenia jonów metali ciężkich, np. Pb^{2+}.

Dzięki właściwościom optycznym nanocząstek możliwe jest zastosowanie ich w wielu obszarach nauki. Zjawisko powierzchniowego rezonansu plazmonowego (SPR) wynikające z oddziaływania promieniowania elektromagnetycznego z nanocząstkami złota wykorzystuje fotonika - dziedzina nauki, łącząca dokonania optyki, elektroniki i informatyki w celu opracowywania technik i urządzeń wykorzystujących promieniowanie elektromagnetyczne do przenoszenia i przetwarzania informacji. Dotychczas zaprezentowano kilka urządzeń wykorzystujących fotonikę i elektronikę na poziomie nanometrów, a należą do nich m. in.: źródła światła, soczewki, polaryzatory [40, 41].

Efektywną metodą otrzymywania takich urządzeń jest otoczenie metalicznych nanocząstek substancją o zmiennych właściwościach optycznych (np. współczynniku załamania światła). Ciekłe kryształy są do tego celu idealne biorąc pod uwagę ich dużą dwójłomność. Badania przeprowadzone przez V. Hsiao [42] i współpracowników wykazały zdolność do zmiany współczynnika załamania światła LC pod wpływem promieniowania elektromagnetycznego. Powoduje to przesunięcie maksimum absorpcji światła układu w stronę dłuższych fal – LSPR zależy od współczynnika załamania światła otoczenia NPs. Otrzymane w ten sposób „przełączniki" mają następujące zalety:

✓ zwiększają szybkość operacji;
✓ mogą one być składnikami wszystkich układów optycznych;
✓ światło może zostać wykorzystane jako „wykrywacz" lub „wywoływacz".

Zjawisko SPR na powierzchni nanocząstek złota wykorzystują również:
✓ spektroskopia Ramana[43] – zastosowanie zorganizowanych struktur nanocząstek złota powoduje dziesięciokrotne wzmocnienie rejestrowanego sygnału;
✓ medycyna:

- diagnostyka[44, 45] – nanocząstki o odpowiednio zmodyfikowanej powierzchni wprowadza się bezpośrednio do ogniska choroby (komórek nowotworowych), zdolność do rozpraszania promieniowania powoduje, że stanowią one bardzo dobry środek kontrastujący ujawniający obecność chorych komórek.
- terapia[46, 47] – wykorzystanie zdolności do przekształcania energii w ciepło jest podstawą fototermicznej terapii stosowanej w leczeniu nowotworów.

ROZDZIAŁ III

Badania Własne

Badania, które przeprowadziłam składały się z trzech części. W pierwszej z nich przeprowadziłam serie wieloetapowych syntez, w wyniku których otrzymałam cztery prętopodobne ligandy różniące się stopniem rozgałęzienia łańcuchów terminalnych. Substratami były: kwas p – metylobenzoesowy (dla każdego szlaku syntetycznego) oraz dicykloheksyloamina (**16**), izopropylometyloamina (**17**), dibutyloamina (**18**) i dioktyloamina (**19**).

Syntezę rozpoczęłam od przeprowadzenia kwasu p – metylobenzoesowego w jego pochodną: kwas p – bromometylobenzoesowy, który następnie przekształciłam w chlorek kwasowy i poddałam reakcjom z odpowiednimi, wyszczególnionymi wyżej, aminami. Kolejne etapy to reakcja przyłączenia 4, 4' – dihydroksybifenolu, reakcja Mitsunobu i wymiana atomu bromu na grupę tiolową.

W drugiej części badań wykorzystałam metodę Brusta i Schiffrina do syntezy nanocząstek złota o różnych rodzajach opłaszczenia pierwotnego (były nim butanotiol, heksanotiol, cykloheksanotiol, oktanotiol, dekanotiol oraz oktadekanotiol). Następnie powierzchnię tak przygotowanych nanocząstek zmodyfikowałam zsyntetyzowanymi w pierwszej części ligandami.

W trzeciej, ostatniej, części zbadałam właściwości ciekłokrystaliczne zsyntetyzowanych ligandów oraz ich wpływ na samoorganizację nanocząstek złota. Badania miały na celu stwierdzenie, czy molekuły znajdujące się na powierzchni AuNPs powodują ich organizację w większe struktury, charakteryzujące się dalekozasięgowym uporządkowaniem.

3.1. Synteza prętopodobnych ligandów ciekłokrystalicznych z wiązaniem amidowym pomiędzy rdzeniem molekuły, a łańcuchem terminalnym.

3.1.1. Reakcja substytucji rodnikowej.

W pierwszym etapie wykorzystałam reakcję substytucji rodnikowej. Zastosowane warunki spowodowały podstawienie atomu wodoru grupy metylowej. Otrzymałam kwas – p – bromometylobenzoesowy. Równanie reakcji przedstawiłam na schemacie 3.1.

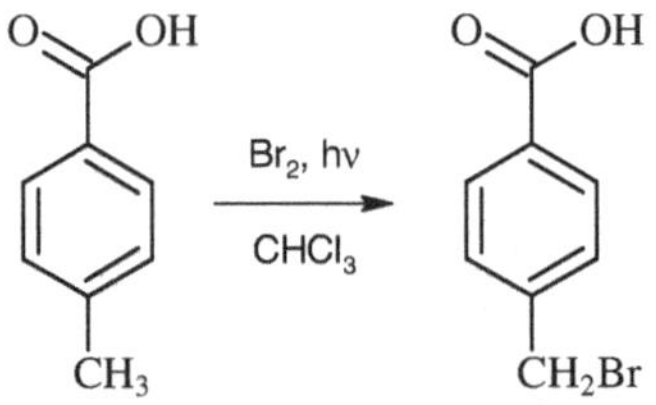

1 **2**

Schemat 3.1. *Synteza kwasu p – bromometylobenzoesowego.*

3.1.2. Synteza chlorku kwasowego.

Produkt reakcji bromowania (**2**) przekształciłam, stosując chlorek tionylu – $SOCl_2$, w chlorek p – bromometylobenzoilu (**3**). Równanie reakcji przedstawiłam na schemacie 3.2.

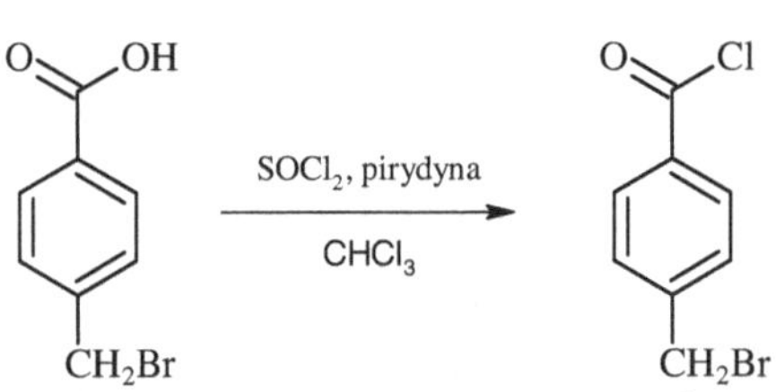

2 **3**

Schemat 3.2. *Synteza chlorku p – bromometylobenzoilu.*

3.1.3. Reakcja otrzymywania amidów.

Produkt poprzedniego etapu, chlorek p – bromometylobenzoilu (**3**) poddałam reakcji z aminami drugorzędowymi otrzymując p – bromometylo –

N, N – dicykloheksylobenzamid (**4**), p – bromometylo – N – izopropylo – N – metylobenzamid (**5**), p – bromometylo – N, N –dibutylobenzamid (**6**) oraz p – bromometylo – N, N – dioktylobenzamid (**7**). Równanie reakcji przedstawiłam na schemacie 3.3.

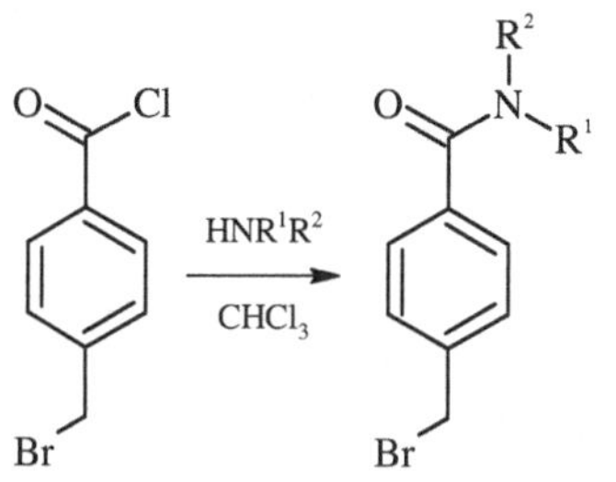

3 **4, 5, 6, 7**

Schemat 3.3. *Synteza amidowych pochodnych kwasu p – bromometylobenzoesowego.*

Wyjaśnienie skrótów zastosowanych na schemacie przedstawia tabela 3.1, znajdująca się na końcu rozdziału 3.1.

3.1.4. Reakcja Williamsona przyłączenia 4, 4' - dihydroksybifenolu.

Celem reakcji było wprowadzenie do cząsteczki sztywnego rdzenia jakim jest molekuła 4, 4' – dihydroksybifenolu (schemat 3.4). Zastosowanie chromatografii i krystalizacji pozwoliło mi na wyizolowanie monopodstawionych pochodnych (**8**, **9**, **10**, **11**). Dipodstawione pochodne powstały w znikomej ilości.

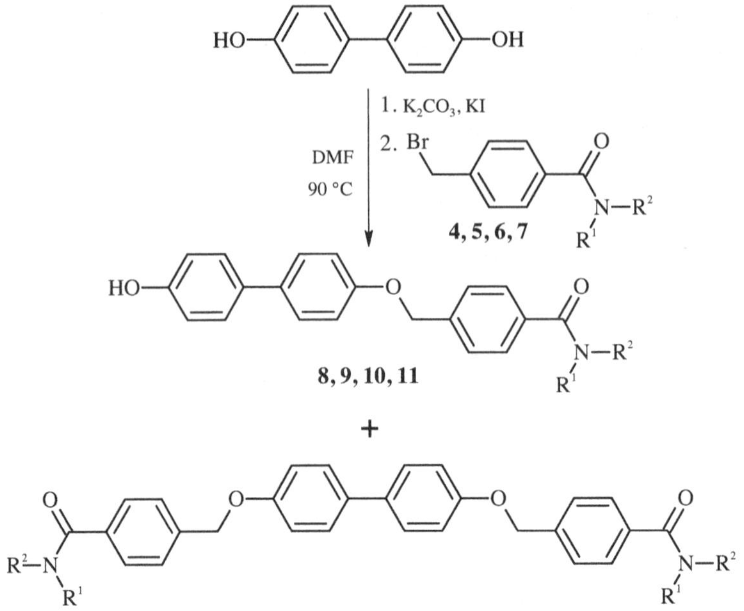

Schemat 3.4. *Schemat reakcji przyłączenia 4, 4' - dihydroksybifenolu nadającego sztywny rdzeń cząsteczce.*

Wyjaśnienie skrótów zastosowanych na schemacie przedstawia tabela 3.1, znajdująca się na końcu rozdziału 3.1.

3.1.5. Reakcja Mitsunobu.

W wyniku reakcji produktu poprzedniego etapu z 10 – bromodekan – 1 – olem cząsteczka ligandu uległa wydłużeniu o łańcuch alkilowy (schemat 3.5).

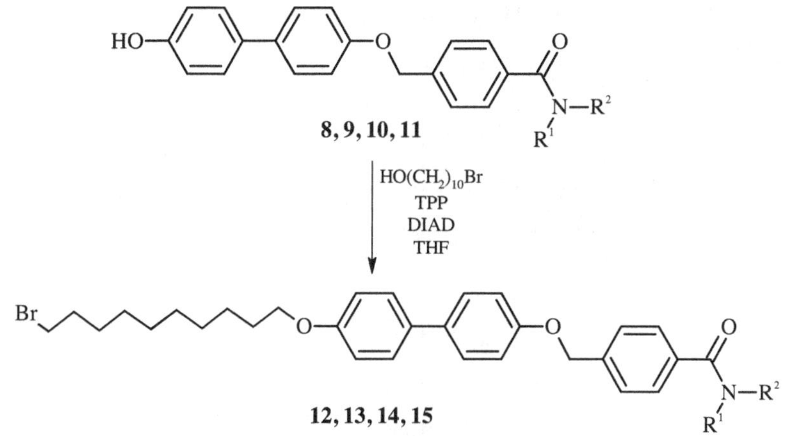

Schemat 3.5. *Reakcja Mitsunobu.*

Wyjaśnienie skrótów zastosowanych na schemacie przedstawia tabela 3.1, znajdująca się na końcu rozdziału 3.1.

3.1.6. Wprowadzenie grupy merkaptanowej.

Podczas ostatniego etapu syntezy przeprowadziłam reakcję wymiany atomu bromu na grupę tiolową i otrzymałam związki finalne – prętopodobne ligandy ciekłokrystaliczne (schemat 3.6).

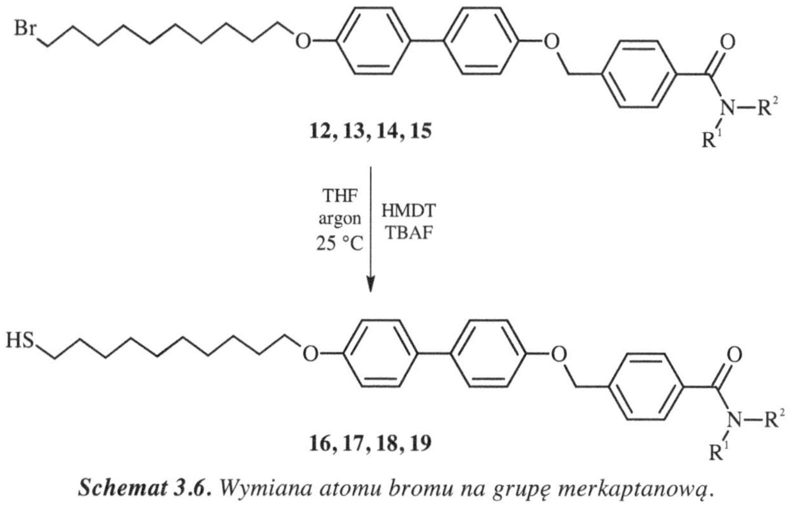

Schemat 3.6. *Wymiana atomu bromu na grupę merkaptanową.*

Wyjaśnienie skrótów zastosowanych na schematach przedstawia poniższa tabela:

Numer związku	R^1	R^2
4/8/12/16	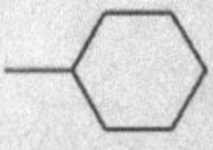	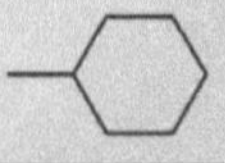
5/9/13/17	$—CH_3$	$—CH(CH_3)_2$
6/10/14/18	$—C_4H_9$	$—C_4H_9$
7/11/15/19	$—C_8H_{17}$	$—C_8H_{17}$

Tabela 3.1.

3.2. Struktury związków finalnych.

Na schemacie 3.7 przedstawiłam struktury otrzymanych ligandów. Pokazują one w jaki sposób, pod względem zawady sterycznej (generowanej przez różne podstawniki w grupie amidowej), różnią się ligandy 16 – 19.

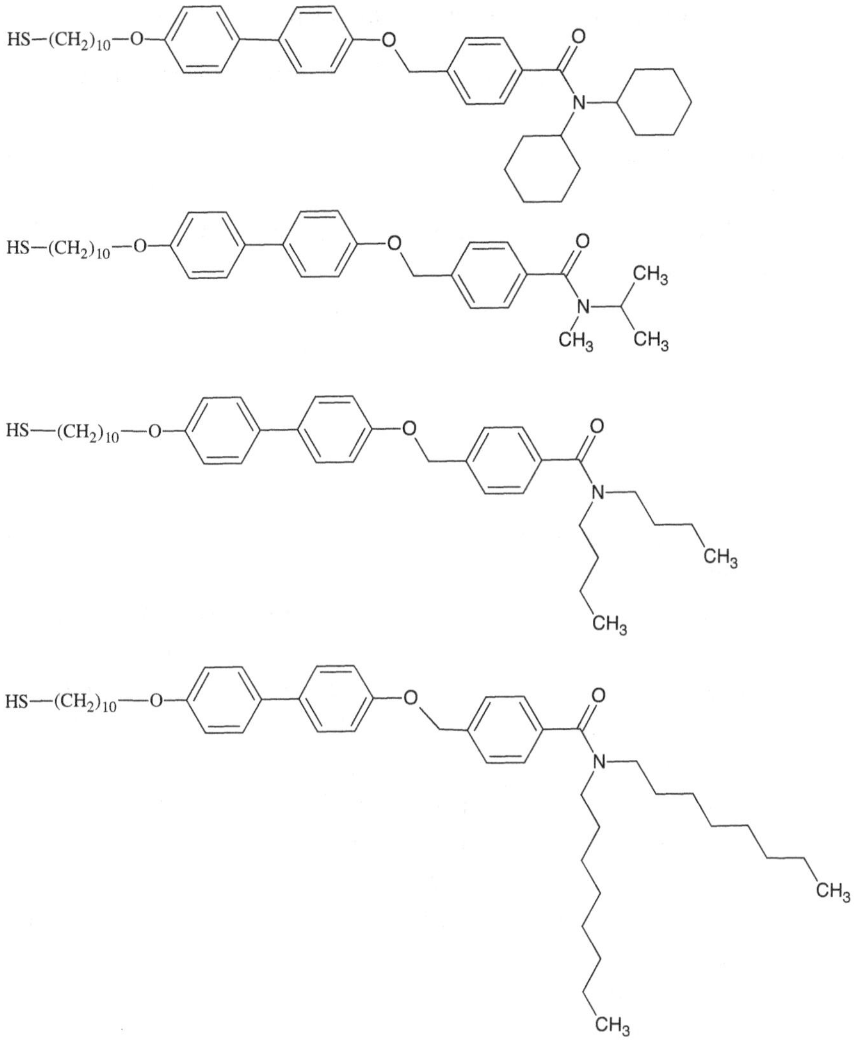
HS—(CH2)10—O
O
N
HS—(CH2)10—O
O
O
CH3
N
CH3
CH3
HS—(CH2)10—O
O
O
N
CH3
CH3
HS—(CH2)10—O
O
O
N
CH3
CH3

Schemat 3.7.

3.3. Synteza i modyfikacja powierzchni nanocząstek złota.

Drugą część badań rozpoczęłam od zsyntetyzowania nanocząstek złota różniących się rodzajem opłaszczenia pierwotnego. Substratami reakcji były wodny roztwór kwasu tetrachlorozłotowego i odpowiednie ligandy należące do grupy tioli. Obecność w cząsteczce ugrupowania merkaptanowego umożliwiła ich przyłączenie do powierzchni nanocząstek złota. Wykorzystałam następujące związki:

- ✓ butanotiol;
- ✓ heksanotiol;
- ✓ cykloheksanotiol;
- ✓ oktanotiol;
- ✓ dekanotiol;
- ✓ oktadekanotiol.

Syntezę rozpoczęłam od przeniesienia jonów tetrachlorozłotowych z warstwy wodnej do warstwy organicznej. Było to możliwe dzięki zastosowaniu katalizatora przeniesienia fazowego, czwartorzędowej soli amoniowej: chlorku N – metylo – N, N, N – trioktyloamoniowego. Następnie do mieszaniny reakcyjnej dodałam ligand opłaszczający i czynnik redukujący ($NaBH_4$), który pozwolił na otrzymanie nanocząstek złota z odpowiednim opłaszczeniem pierwotnym (schemat 3.8).

Kolejnym etapem była modyfikacja powierzchni otrzymanych nanocząstek (w której wykorzystałam zmodyfikowaną metodę Brusta i Schiffrina). Do roztworu odpowiednich nanocząstek dodałam produkt przeprowadzonej syntezy. Część ligandów stanowiących opłaszczenie pierwotne uległa wymianie na dodany ligand (schemat 3.8). Starałam się utrzymać jak najwyższe stężenie ligandu przy całkowitym jego rozpuszczeniu oraz maksymalnym czasie wymiany, ok. 72h.

Ostatecznie otrzymałam dwadzieścia cztery różne układy hybrydowe łączące nieorganiczne nanocząstki i zsyntetyzowane przeze mnie organiczne ligandy mezogeniczne lub promezogeniczne

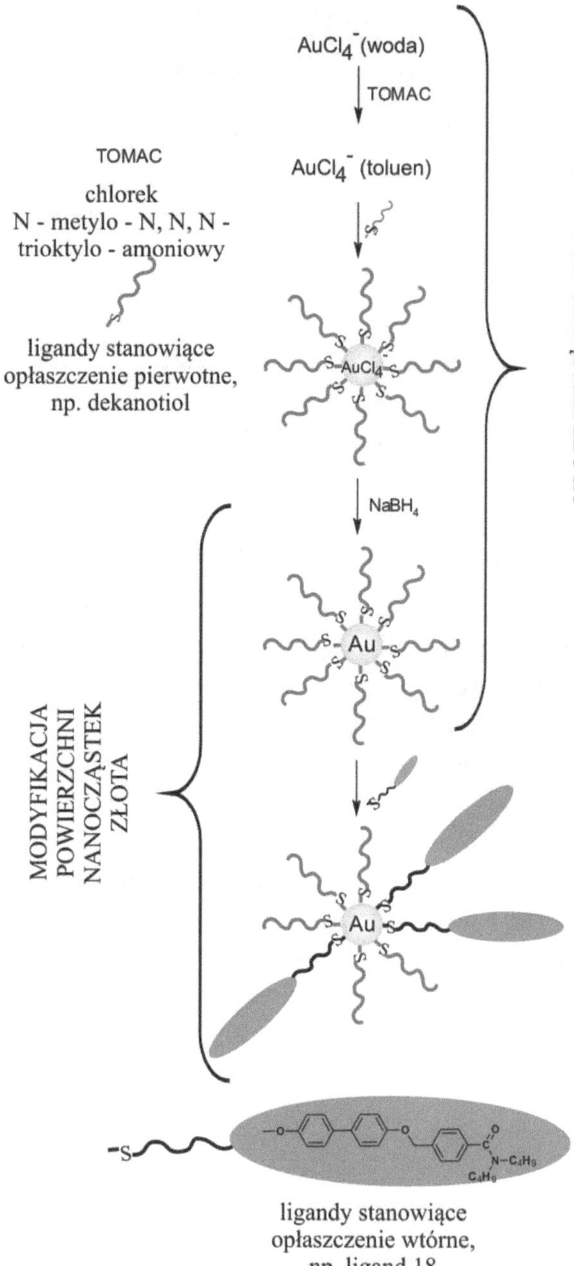

AuCl4⁻(woda)
TOMAC
AuCl4⁻ (toluen)
TOMAC
chlorek
N - metylo - N, N, N -
trioktylo - amoniowy
ligandy stanowiące
opłaszczenie pierwotne,
np. dekanotiol
AuCl4
NaBH4
Au
SYNTEZA
NANOCZĄSTEK ZŁOTA
MODYFIKACJA
POWIERZCHNI
NANOCZĄSTEK
ZŁOTA
Au
ligandy stanowiące
opłaszczenie wtórne,
np. ligand 18

Schemat 3.8.

ROZDZIAŁ IV

Część Eksperymentalna

Postęp przeprowadzanych reakcji oraz czystość wyizolowanych produktów reakcji kontrolowałam przy pomocy:

✓ chromatografii cienkowarstwowej (płytki TLC, Silica Gel 60 F_{254}, firmy Merck)

✓ lampy UV firmy Spectroline (fale długie 254nm, fale krótkie 365nm)

✓ komory jodowej

Struktury produktów syntez potwierdzałam na podstawie widm ^{1}HNMR oraz ^{13}CNMR, wykonanych przy pomocy spektrometrów UnityPlus 200 MHz oraz INOVA 500 MHz firmy Varian; jako wzorzec wewnętrzny stosowano tetrametylosilan – TMS.

4.1. Synteza kwasu p – bromometylobenzoesowego.

W okrągłodennej, dwuszyjnej kolbie o pojemności 4000ml, zaopatrzonej chłodnicę zwrotną, wkraplacz oraz kamyki wrzenne umieściłam, 139g (2,04mola) kwasu p – metylobenzoesowego oraz 1500ml $CHCl_3$ (wysuszonego nad siarczanem (VI) magnezu) i rozpoczęłam ogrzewanie. Gdy roztwór osiągnął temperaturę wrzenia rozpoczęłam wkraplanie roztworu bromu (2,04mola) w 100ml $CHCl_3$. Podczas dodawania bromu roztwór zmieniał barwę od czerwonego do słomkowego (pod koniec reakcji do pomarańczowego). Po dodaniu 100ml roztworu bromu mieszanina reakcyjna zmętniała, a następnie wytrącił się biały osad kwasu p – bromometylobenzoesowego. Po dodaniu całej ilości bromu kontynuowano ogrzewanie przez kolejne 2h. W trakcie reakcji kolbę z mieszaniną reakcyjną naświetlałam przy pomocy dwóch lamp.

Produktu nie wyizolowałam z mieszaniny reakcyjnej, użyłam jej do następnego etapu.

4.2. Synteza chlorku p – bromometylobenzoilu.

Do ochłodzonej mieszaniny reakcyjnej z poprzedniego etapu dodałam 75ml (2,04mola) chlorku tionylu oraz kilka kropel pirydyny. Następnie rozpoczęłam ogrzewanie. Mieszaninę utrzymywałam w temperaturze wrzenia przez 1,5h. Ponieważ osad nie rozpuścił się dodałam kolejną porcję chlorku tionylu, 50ml (0,690mola) oraz kilka kropel pirydyny. Po rozpuszczeniu osadu kontynuowałam ogrzewanie przez 4h.

Następnie odsączyłam kamyki wrzenne i odparowałam rozpuszczalnik. Produkt oczyściłam za pomocą destylacji pod zmniejszonym ciśnieniem, frakcję właściwą zebrałam w zakresie temperatur 165°C – 174°C. Otrzymałam 350g czystego chlorku p – bromometylo – benzoilu. Wydajność reakcji: 73%.

4.3. Synteza amidów.

4.3.1. Synteza p – bromometylo – N, N – dicykloheksylobenzamidu (**4**) – procedura ogólna.

W okrągłodennej kolbie o pojemności 500 ml, zaopatrzonej w łaźnię chłodzącą woda / lód umieściłam 34ml (0,17mola) dicykloheksyloaminy, rozpoczęłam mieszanie i rozpoczęłam wkraplanie 20g (0,085mola) chlorku kwasowego (**3**) rozpuszczonego w 200ml $CHCl_3$. Po dodaniu całej ilości chlorku kwasowego kolbę zasłoniłam folią aluminiową (aby zapobiec rozkładowi chlorku kwasowego) i kontynuowałam mieszanie przez 18h. Osad, który się w tym czasie wytrącił odsączyłam. Pozostałość po odparowaniu rozpuszczalnika z przesączu naniosłam na kolumnę chromatograficzną (wypełnienie: żel krzemionkowy; eluent: $CHCl_3$, a następnie 2% MeOH w $CHCl_3$). Otrzymałam 18,4g czystego związku numer 4. Wydajność reakcji 58%.

4.3.2. Synteza p – bromometylo – N – metylo – N – izopropylo – benzamidu (**5**).

Reakcję przeprowadziłam zgodnie z przepisem 4.3.1. Przy zachowaniu stosunku molowego wszystkich substratów otrzymałam 9,2g czystego związku numer 5. Wydajność reakcji 68%.

4.3.3. Synteza p – bromometylo – N, N – dibutylobenzamidu (**6**).

Syntezę przeprowadziłam zgodnie z przepisem 4.3.1. Przy zachowaniu stosunku molowego wszystkich substratów otrzymałam 13,2g czystego związku numer 6. Wydajność reakcji 62%.

4.3.4. Synteza p – bromometylo – N, N – dioktylobenzamidu (**7**).

Syntezę przeprowadziłam zgodnie z przepisem 4.3.1. Przy zachowaniu stosunku molowego wszystkich substratów otrzymałam 20g czystego związku numer 7. Wydajność reakcji 53%.

4.4. Reakcja Williamsona przyłączenia 4,4' – dihydroksybifenolu.

4.4.1. Synteza związku **8** – procedura ogólna.

W okrągłodennej, dwuszyjnej kolbie o pojemności 500ml, zaopatrzonej w chłodnicę zwrotną i mieszadło magnetyczne umieściłam 13,6g (0,73mola) 4,4' – dihydroksybifenolu, 20,7g (0,15mola) węglanu potasu, 24,9g (0,15 mola) jodku potasu oraz 250ml N, N - dimetyloformamidu. Roztwór przyjął barwę zieloną. Następnie rozpoczęłam mieszanie i ogrzewanie. Gdy mieszanina osiągnęła temperaturę 45°C, dodałam roztwór 18,4g (0,049mola) p –bromometylo – N, N –dicykloheksylobenzamidu w niewielkiej ilości N, N - dimetyloformamidu. Roztwór odbarwił się. Kontynuowałam ogrzewanie w temperaturze 90°C przez 12h (roztwór zabarwił się na kolor fioletowy).

Gdy mieszanina ochłodziła się do temperatury pokojowej przeniosłam ją do zlewki zawierającej 750ml zimnej wody. Wytrącił się jasnofioletowy osad, który odsączyłam na lejku Büchnera i wysuszyłam na powietrzu w temperaturze pokojowej. Suchy osad rozpuściłam w gorącym $CHCl_3$ (500ml), nie rozpuszczoną pozostałość odsączyłam. Podczas ochładzania przesączu wytrącił się biały osad monopodstawionej pochodnej (8). Pozostałość oczyściłam na kolumnie chromatograficznej (wypełnienie: żel krzemionkowy, eluent: 0,5% $CHCl_3$, a następnie 2% MeOH w $CHCl_3$). Ostatecznie otrzymałam 8,7g białego osadu monopodstawionej pochodnej z wydajnością 37%.

4.4.2. Synteza związku **9**.

Reakcję przeprowadziłam zgodnie z przepisem 4.4.1. zachowując stosunek molowy wszystkich substratów.

Produkt oczyściłam na kolumnie chromatograficznej (wypełnienie: żel krzemionkowy, eluent: toluen : octan etylu = 8:2). Otrzymałam 5,1g białego osadu monopodstawionej monopochodnej z wydajnością 40%.

4.4.3. Synteza związku **10**.

Reakcję przeprowadziłam zgodnie z przepisem 4.4.1. zachowując stosunek molowy wszystkich substratów.

Monopodstawioną pochodną wyizolowałam poprzez krystalizację z octanu etylu. Otrzymałam 7,4g białego osadu monopodstawionej monopochodnej z wydajnością 43%.

4.4.4. Synteza związku **11**.

Reakcję przeprowadziłam zgodnie z przepisem 4.4.1. zachowując stosunek molowy wszystkich substratów.

Monopodstawioną pochodną wyizolowałam poprzez krystalizację z octanu etylu. Otrzymałam 10,9g białego osadu monopochodnej z wydajnością 44%.

4.5. Reakcja Mitsunobu.

4.5.1. Synteza związku **12** .

Do okrągłodennej kolby o pojemności 750ml, zaopatrzonej w mieszadło magnetyczne dodałam 3,9g (0,0081mola) związku numer 8 i rozpuściłam go w 400ml tetrahydrofuranu. Następnie dodałam 2,3g (0,0089mola) trifenylofosfiny oraz 2,8g (0,012mola) 10 – bromodekan – 1 – olu i rozpoczęłam mieszanie. Po upływie 20 minut dodałam roztwór 1,66g (0,0085mola) DIAD – u w tetrahydrofuranie. Kontynuowałam mieszanie przez kolejne 15h.

Sposób oczyszczania przedstawiłam na schemacie 4.1. Ostatecznie otrzymałam 3,5g czystego związku numer 12 z wydajnością 28%.

4.5.2. Synteza związku **13**.

Do okrągłodennej kolby o pojemności 750ml, zaopatrzonej w mieszadło magnetyczne dodałam 4,2g (0,011mola) związku 9 i rozpuściłam go w 500ml tetrahydrofuranu. Następnie dodałam 3,2g (0,0121mola) trifenylofosfiny oraz 3,9g (0,0165mola) 10 – bromodekan – 1 – olu i rozpoczęłam mieszanie. Po upływie 20 minut dodałam roztwór 2,27g (0,0115mola) DIAD – u w tetrahydrofuranie. Kontynuowałam mieszanie przez kolejne 15h.

Sposób oczyszczania przedstawiłam na schemacie 4.1. Ostatecznie otrzymałam 2,3g czystego związku numer 13 z wydajnością 30%.

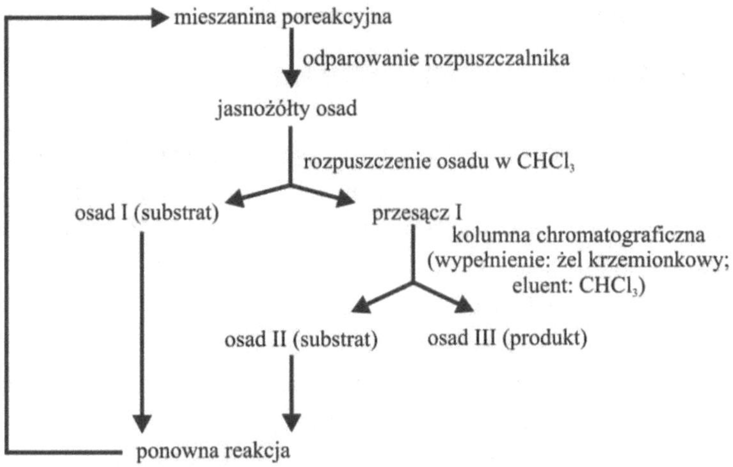

Schemat 4.1. *Sposób oczyszczania produktów reakcji 4.5.1 oraz 4.5.2 (w obydwu przypadkach tylko jeden raz przeprowadzałam ponowną reakcję z odzyskanego substratu).*

4.5.3. Synteza związku **14**.

Reakcję przeprowadziłam zgodnie z przepisem 4.4.1. zachowując stosunki molowe wszystkich substratów.

Czysty produkt otrzymałam przez wytrącenie CH_3OH z 20% nadmiaru $CHCl_3$. Otrzymałam 3,8g związku numer 18 z wydajnością 34%.

4.5.4. Synteza związku **15**.

Reakcję przeprowadziłam zgodnie z przepisem 4.4.1. zachowując stosunki molowe wszystkich substratów.

Czysty produkt otrzymałam przez wytrącenie CH_3OH z 20% nadmiaru $CHCl_3$. Otrzymałam 5,5g związku numer 15 z wydajnością 36%.

4.6. Wprowadzenie grupy merkaptanowej[42].

4.6.1. Synteza związku 16 – procedura ogólna.

W dwuszyjnej, okrągłodennej kolbie o pojemności 50ml zaopatrzonej w mieszadło magnetyczne umieściłam 780mg (1,1mmola) substratu oraz 6ml tetrahydrofuranu. Następnie wstrzyknęłam 0,24 ml (1,15mmola) HMDT, po upływie 5 min dodałam 1,15ml (1,15mmola) TBAF. Reakcję prowadziłam w atmosferze gazu obojętnego, argonu, przez 1h.

Mieszaninę poreakcyjną przeniosłam do 80ml CH_2Cl_2 i przemyłam nasyconym roztworem chlorku amonu (3 x 30ml). Warstwę organiczną wysuszyłam nad bezwodnym siarczanem (VI) magnezu, następnie odparowałam rozpuszczalnik. Produkt oczyściłam na kolumnie chromatograficznej (wypełnienie: żel krzemionkowy; eluent: $CHCl_3$). Otrzymałam 1,9g czystego produktu. Wydajność reakcji: 60%.

4.6.2. Synteza związku 17.

Reakcję przeprowadziłam zgodnie z przepisem 4.6.1 z zachowaniem stosunków molowych wszystkich substratów. Podczas reakcji wytrącił się biały osad – lekko zanieczyszczony produkt, który po zakończeniu reakcji odsączyłam i oczyściłam przez wytrącenie CH_3OH z $CHCl_3$. Otrzymałam 1,4g czystego produktu. Wydajność reakcji: 65%.

4.6.3. Synteza związku 18.

Reakcję przeprowadziłam zgodnie z przepisem 4.6.1 z zachowaniem stosunków molowych wszystkich substratów.

Produkt oczyściłam poprzez wytrącenie CH_3OH z CH_2Cl_2. Otrzymałam 3,1g czystego produktu. Wydajność reakcji 87%.

4.6.4. Synteza związku 19.

Reakcję przeprowadziłam zgodnie z przepisem 4.6.1 z zachowaniem stosunków molowych wszystkich substratów.

Produkt oczyściłam na kolumnie chromatograficznej (wypełnienie: żel krzemionkowy; eluent: CH_2Cl_2). Otrzymałam 3,9g czystego produktu. Wydajność reakcji 75%.

4.7. Synteza i oczyszczanie nanocząstek złota[21].

4.7.1. Z ligandem pierwotnym - butanotiol (**AuNPs@C4**).

W kolbie okrągłodennej zaopatrzonej w mieszadło magnetyczne umieściłam roztwór soli złota 1,86ml (2,7mmola) $AuCl_4^-$ w 88ml H_2O i dodałam 6,06ml (12mmola) $CH_3(C_8H_{17})_3NBr$ w 234,5ml toluenu. Roztwór mieszałam intensywnie do momentu odbarwienia warstwy wodnej (a więc do momentu, w którym wszystkie jony złota zostały przeniesione do warstwy organicznej). Następnie rozdzieliłam warstwy i do warstwy organicznej dodałam 0,27ml (2,52mmola) C_4H_9SH. Po upływie 30min dodałam roztwór 1,14g $NaBH_4$ w 75ml wody. Kontynuowałam mieszanie przez kolejne 1,5h. Następnie oddzieliłam warstwę wodną i odparowałam część rozpuszczalnika. Do roztworu dodałam 500 ml acetonu i mieszaninę pozostawiłam w lodówce na 24 h, aby wytrącone nanocząstki złota opadły na dno naczynia. Następnie odwirowałam ciemnobrązowy osad. Ponownie rozpuściłam go w toluenie, wytrąciłam acetonem i pozostawiłam w lodówce. Wytrącanie kontynuowałam, aż oczyściłam nanocząstki z tych cząsteczek butanotiolu, które nie przyłączyły się do powierzchni AuNPs.

W analogiczny sposób otrzymałam następujące nanocząstki: **AuNPs@C6**, **AuNPs@C6 – cyklo**, **AuNPs@C8**, **AuNPs@C10**, **AuNPs@C18**, **AuNPs@18.**

Wydajności reakcji przeprowadzonych w punktach 4.7.1 – 4.7.6 wynosiły 75 – 80%.

4.8. Modyfikacja powierzchni nanocząstek złota.

Reakcje przeprowadziłam wykorzystując zmodyfikowaną metodę Brusta i Schiffrina[21].

4.8.1. AuNPs@C4/16.

Do okrągłodennej kolby zaopatrzonej w mieszadło magnetyczne odważyłam 20mg nanocząstek złota pokrytych butanotiolem oraz 20mg ligandu mezogenicznego / promezogenicznego numer 16 i dodałam 10ml toluenu. Mieszaninę mieszałam przez 70h.

Po zakończeniu reakcji odparowałam część rozpuszczalnika i wytrąciłam osad nanocząstek za pomocą mieszaniny etanol : aceton (1:1). Czynności te powtarzałam, aż oczyściłam nanocząstki z tych cząsteczek ligandu, które nie przyłączyły się do powierzchni AuNPs.

W analogiczny sposób otrzymałam następujące nanocząstki złota: **AuNPs@C4/17**, **AuNPs@C4/18**, **AuNPs@C4/19**.

4.8.2. AuNPs@C6/16.

Do okrągłodennej kolby zaopatrzonej w mieszadło magnetyczne odważyłam 20mg nanocząstek złota pokrytych heksanotiolem oraz 20mg ligandu mezogenicznego / promezogenicznego 16 i dodałam 10ml toluenu. Mieszaninę mieszałam przez 70h.

Po zakończeniu reakcji odparowałam część rozpuszczalnika i wytrąciłam osad nanocząstek za pomocą mieszaniny etanol : aceton (1:1). Czynności te powtarzałam, aż oczyściłam nanocząstki z tych cząsteczek liganda, które nie przyłączyły się do powierzchni AuNPs.

W analogiczny sposób otrzymałam następujące nanocząstki złota: **AuNPs@C6/17**, **AuNPs@C6/18**, **AuNPs@C6/19**.

4.8.3 AuNPs@C6 – cyklo/16.

Do okrągłodennej kolby zaopatrzonej w mieszadło magnetyczne odważyłam 20mg nanocząstek złota pokrytych cykloheksanotiolem oraz

20mg ligandu mezogenicznego / promezogenicznego numer 16 i dodałam 10ml toluenu. Mieszaninę mieszałam przez 70h.

Po zakończeniu reakcji odparowałam część rozpuszczalnika i wytrąciłam osad nanocząstek za pomocą mieszaniny etanol : aceton (1:1). Czynności te powtarzałam, aż oczyściłam nanocząstki z tych cząsteczek liganda, które nie przyłączyły się do powierzchni AuNPs.

W analogiczny sposób otrzymałam następujące nanocząstki złota: **AuNPs@C6 – cyklo/17**, **AuNPs@C6 – cyklo18**, **AuNPs@C6 – cyklo/19**.

4.8.4 AuNPs@C8/16.

Do okrągłodennej kolby zaopatrzonej w mieszadło magnetyczne odważyłam 20mg nanocząstek złota pokrytych oktanotiolem oraz 20mg ligandu mezogenicznego / promezogenicznego16 i dodałam 10ml toluenu. Mieszaninę mieszałam przez 70h.

Po zakończeniu reakcji odparowałam część rozpuszczalnika i wytrąciłam osad nanocząstek za pomocą mieszaniny etanol : aceton (1:1). Czynności te powtarzałam, aż oczyściłam nanocząstki z tych cząsteczek liganda, które nie przyłączyły się do powierzchni AuNPs.

W analogiczny sposób otrzymałam następujące nanocząstki złota: **AuNPs@C8/17**, **AuNPs@C8/18**, **AuNPs@C8/19**.

4.8.5 AuNPs@C10/16.

Do okrągłodennej kolby zaopatrzonej w mieszadło magnetyczne odważyłam 20mg nanocząstek złota pokrytych dekanotiolem oraz 20mg ligandu mezogenicznego / promezogenicznego numer 16 i dodałam 10ml toluenu. Mieszaninę mieszałam przez 70h.

Po zakończeniu reakcji odparowałam część rozpuszczalnika i wytrąciłam osad nanocząstek za pomocą mieszaniny etanol : aceton (1:1). Czynności te powtarzałam, aż oczyściłam nanocząstki z tych cząsteczek ligandu, które nie przyłączyły się do powierzchni AuNPs.

W analogiczny sposób otrzymałam następujące nanocząstki złota: **AuNPs@C10/17**, **AuNPs@C10/18**, **AuNPs@C10/19**.

4.8.6 AuNPs@C18/16.

Do okrągłodennej kolby zaopatrzonej w mieszadło magnetyczne odważyłam 20mg nanocząstek złota pokrytych oktadekanotiolem oraz 20mg ligandu mezogenicznego / promezogenicznego 16 i dodałam 10ml toluenu. Mieszaninę mieszałam przez 70h.

Po zakończeniu reakcji odparowałam część rozpuszczalnika i wytrąciłam osad nanocząstek za pomocą mieszaniny etanol : aceton (1:1). Czynności te powtarzałam, aż oczyściłam nanocząstki z tych cząsteczek liganda, które nie przyłączyły się do powierzchni AuNPs.

W analogiczny sposób otrzymałam następujące nanocząstki złota: **AuNPs@C18/17**, **AuNPs@C18/18**, **AuNPs@C18/19**.

ROZDZIAŁ V

Wyniki Badań

Poniżej wyróżniłam techniki pomiarowe stosowane podczas badania właściwości otrzymanych ligandów i układów hybrydowych.

Skaningowa kalorymetria różnicowa (DSC). Podczas pomiaru ogrzewano, a następnie chłodzono dwie próbki (jedną stanowił ligand mezogeniczny, druga z nich to próbka porównawcza). W tym czasie mierzona była ilość pobranego przez próbkę ciepła. Przy przejściu fazowym obserwowany jest efekt cieplny związany z reorganizacją molekuł. W takim przypadku na wykresie zależności pobranego ciepła od temperatury pojawia się sygnał. Dla substancji nie generujących faz ciekłokrystalicznych na wykresie takim powinien pojawić się jeden pik (przejście faza stała - ciecz). W przypadku substancji ciekłokrystalicznych na wykresie obserwuje się co najmniej dwa piki (np. faza stała – ciekły kryształ – ciecz izotropowa).
Wykorzystany został kalorymetr skaningowy TA Q200, badania prowadzono w atmosferze azotu (aby uniknąć utlenienia związków w podwyższonej temperaturze).

Mikroskopia polaryzacyjna. Istotnymi częściami mikroskopu polaryzacyjnego są dwa filtry polaryzacyjne (polaryzator i analizator), które przepuszczają światło o ściśle określonej kierunku drgań pola elektrycznego. Podczas pomiaru są ustawione pod kątem 90° względem siebie. Gdy pomiędzy nimi znajdzie się substancja dwójłomna, a więc z dalekozasięgowym uporządkowaniem cząsteczek, to pewna część światła zmienia polaryzację z liniowej na eliptyczną, która nie jest całkowicie wygaszana przez drugi polaryzator. Pozwala to na zaobserwowanie charakterystycznych tekstur.
Wykorzystany został mikroskop polaryzacyjny Nikon OptiPhot 2 – pol ze stolikiem grzewczym Mettler FP82HT i sterownikiem FP80HT, umożliwiającym utrzymywanie stałej temperatury.

Pomiary rentgenowskie. W celu określenia właściwości zsyntetyzowanych nanocząstek złota zbadano dyfrakcję promieni rentgenowskich w zakresie niskokątowym (SAXS). Pomiary te pozwoliły na

określenie promienia rdzenia metalicznego zsyntetyzowanych nanocząstek oraz struktury jaką tworzą AuNPs.
Wykorzystano dyfraktometr Bruker NanoStar wyposażony w dwuwymiarowy detektor Vantec 2000.

5.1. Właściwości ciekłokrystaliczne ligandów 16 – 19.

Badanie zdolności ligandów do generowania faz ciekłokrystalicznych rozpoczęłam od obejrzenia próbki pod mikroskopem polaryzacyjnym. Podczas pomiaru próbka była ogrzewana, co pozwoliło na stwierdzenie obecności mezofazy i ewentualnie jej rodzaju. Uzyskane wyniki potwierdziłam za pomocą skaningowej kalorymetrii różnicowej. Tabela 5.1 przedstawia otrzymane wartości temperatur przejść fazowych.

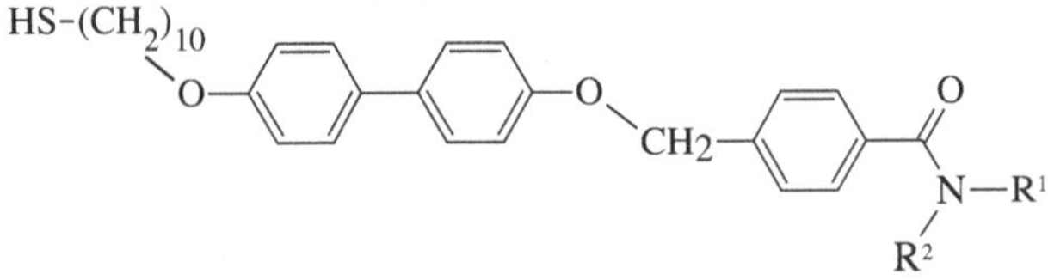

		Wyniki badań fizykochemicznych T [°C]
Ligand 16	R1 R2 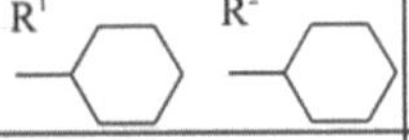	Cry 120 Iso
Ligand 17	R1 R2 —CH_3 —$CH(CH_3)_2$	Cry 170 Iso 160 SmA
Ligand 18	R1 R2 —C_4H_9 —C_4H_9	Cry 93,25 Iso 71,96 SmA
Ligand 19	R1 R2 —C_8H_{17} —C_8H_{17}	Cry 97 Iso

Tabela 5.1.

Analiza powyższych danych pozwala na ustalenie wpływu zawady sterycznej, jaką stanowią łańcuchy terminalne, na właściwości ciekłokrystaliczne otrzymanych związków. W przypadku ligandów 16 i 19, które nie wykazują właściwości ciekłokrystalicznych, zawada ta jest zbyt duża. Dwa łańcuchy cykloheksylowe (ligand 16) mają zbyt dużą objętość – łańcuchy nie oddziałują ze sobą i nie obserwuje się mezofaz. Podobnie jest w przypadku dwóch łańcuchów oktylowych, stanowiących łańcuchy terminalne ligandu 19 – ich długość nie pozwala na oddziaływanie sąsiednich cząsteczek, a co za tym idzie na występowanie właściwości ciekłokrystalicznych. Objętość łańcuchów terminalnych ligandów 17 i 18 umożliwia oddziaływanie między molekułami i samoorganizację w większe struktury.

5.2. Wpływ ligandów 16 – 19 na samoorganizację nanocząstek złota.

5.2.1. Nanocząstki z opłaszczeniem pierwotnym.

Przed przeprowadzeniem reakcji modyfikacji powierzchni nanocząstek złota zbadane zostały układy z ligandem pierwotnym, który stanowiły *proste łańcuchy alkilowe* o szerokim zakresie długości (od łańcucha czterowęglowego do łańcucha zawierającego osiemnaście atomów węgla). Badania rentgenograficzne pozwoliły na ustalenie wielkości metalicznego rdzenia oraz odległości między sąsiednimi nanocząstkami złota. Wartości dla wybranych nanocząstek przedstawiłam w tabeli 5.2.

	AuNPs@C4	**AuNPs@C6**	**AuNPs@C8**	**AuNPs@C10**
średnica rdzenia[nm]	1,2	1,1	1,3	1,3
odległość między nanocząstkami [nm]	3,20	3,16	3,40	3,17

Tabela 5.2.

Ponadto na postawie obrazu SAXS ustaliłam, że nanocząstki złota pokryte prostymi ligandami alkilowymi nie charakteryzują się dalekozasięgowym uporządkowaniem.

Badaniu poddane zostały również nanocząstki złota, których ligandem pierwotnym był *ligand 18*. Dzięki pomiarowi dyfrakcji promieni rentgenowskich w zakresie niskich kątów ustalono, że nanocząstki tworzą fazę smektyczną z korelacją warstw ABA (obraz 5.1).

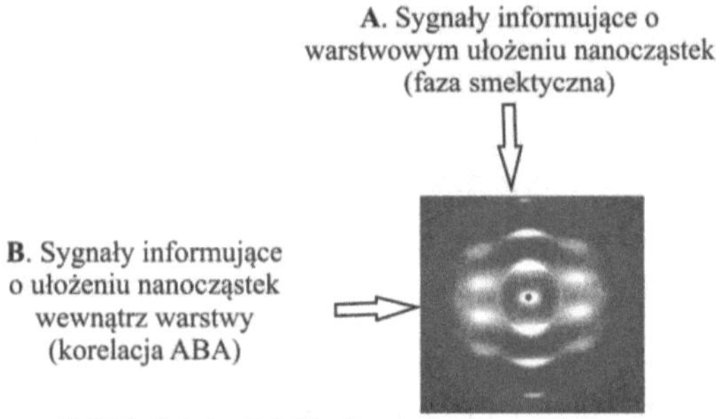

Obraz 5.1 *Obraz z SAXS dla Au@L18. Sygnały B znajdują się w połowie odległości między sygnałami A – warstwy są przesunięte względem siebie.*

Schemat 5.1 przedstawia sposób w jaki nanocząstki organizują się w większe struktury podczas obniżania temperatury.

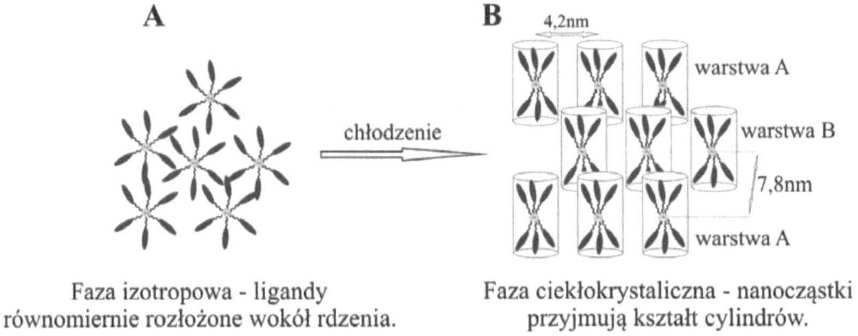

Schemat 5.1 A*. Faza izotropowa – ligandy równomiernie rozłożone wokół metalicznego rdzenia.* ***B****. Poszczególne nanocząstki przyjmują kształt cylindrów, a następnie układają się w warstwy.*

5.2.2. Nanocząstki z opłaszczeniem wtórnym.

Nanocząstki złota zbadano za pomocą niskokątowej dyfrakcji rentgenowskiej (SAXS). Pomiary roztworów nanocząstek złota pozwoliły na określenie rozmiarów metalicznego rdzenia. Pomiary w „paście" powstałej po odparowaniu rozpuszczalnika pozwoliły na określenie rodzaju utworzonej struktury (Tabela 5.3)

LIGAND PIERWOTNY \ LIGAND WTÓRNY	18	19
C_4H_9SH	faza smektyczna d = 78,0 Å	faza smektyczna d = 78,9 Å
$C_6H_{13}SH$	faza smektyczna d = 74,0 Å	faza smektyczna d = 82,0 Å
$C_8H_{17}SH$	faza smektyczna d = 76,0 Å	faza smektyczna d = 82,9 Å

Tabela 5.3.

Nanocząstki złota, których powierzchnię zmodyfikowałam ligandem 16 nie wykazują uporządkowania dalekiego zasięgu (obraz 5.2A). Odległości między sąsiednimi nanocząstkami zmodyfikowanymi ligandem 17 wynoszą 33 - 45Å. Wartości te wskazują na brak lub niewielki stopień podstawienia ligandów pierwotnych ligandami wtórnymi. Wykonane widmo ^{1}HNMR (widmo 5.1), na którym brak jest pików pochodzących od protonów aromatycznych w zakresie 7 – 8ppm (jedyny pik przy przesunięciu 7,26ppm pochodzi od $CHCl_3$) potwierdziło przypuszczenia – reakcja wymiany ligandów nie zaszła. Prawdopodobnie jest to spowodowane bardzo słabą rozpuszczalnością liganda w rozpuszczalniku, w którym reakcja była prowadzona.

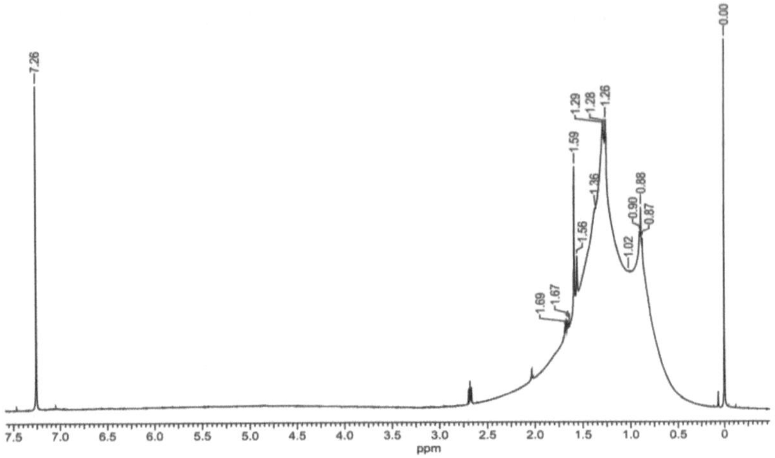

Widmo 5.1.

Uporządkowane struktury obserwuje się dla AuNPs zmodyfikowanych powierzchniowo ligandami 18 i 19 (wybrane wartości zebrałam w tabeli 5.3). Nanocząstki układają się w warstwy (faza smektyczna) o grubościach 72 - 78Å (dla liganda 18; obraz 5.2B) oraz 78,9 - 84 Å (dla liganda 19). Łańcuchy terminalne ligandu 19 (dwa łańcuchy oktylowe) są dłuższe niż łańcuchy terminalne ligandu 18 dlatego też grubości warstw są większe.

Analiza uzyskanych wyników pozwala na określenie wpływu liganda wtórnego na zdolność AuNPs do samoorganizacji. Łańcuchy cykloheksylowe, ze względu na swoją objętość utrudniają organizację w uporządkowane struktury. Łańcuchy butylowe i oktylowe oddziałują za sobą i umożliwiają samooorganizację nanocząstek złota.

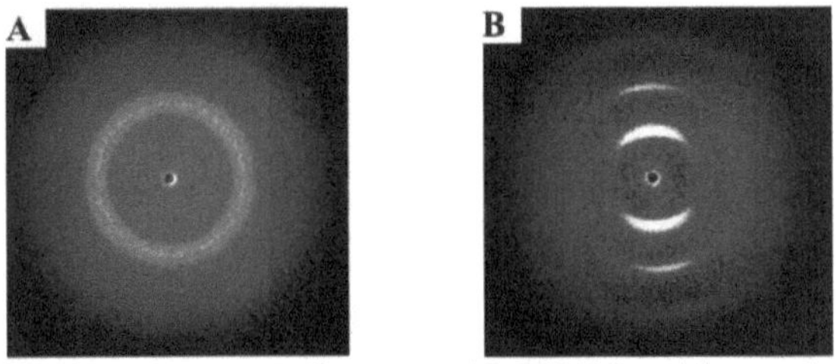

Obraz 5.2 *A. Obraz SAXS dla AuNPs/@C10/16 - widoczny jest jeden poszerzony sygnał dyfuzyjny odpowiadający odległości pomiędzy sąsiednimi nanocząstkami złota. B. Obraz SAXS dla Au@C6/18. Widoczne sygnały informują o ułożeniu nanocząstek w warstwy (faza smektyczna).*

ROZDZIAŁ VI

Podsumowanie

✓ Otrzymałam cztery ligandy zawierające grupę merkaptanową, z których dwa wykazują właściwości ciekłokrystaliczne (faza smektyczna). Badania właściwości ciekłokrystalicznych tych związków pozwoliły na ustalenie wpływu rodzaju łańcucha terminalnego na zdolność do samoorganizacji.

✓ Zsyntetyzowałam sześć typów nanocząstek złota różniących się rodzajem opłaszczenia pierwotnego.

✓ Ligandy 16, 17, 18 i 19 wykorzystałam do modyfikacji powierzchni nanocząstek z opłaszczeniem pierwotnym otrzymując dwadzieścia cztery rodzaje nowych układów hybrydowych. Pozwoliło mi to na określenie wpływu liganda wtórnego na tworzenie uporządkowanych struktur dalekiego zasięgu.

✓ Nanocząstki zmodyfikowane powierzchniowo ligandami 18 i 19 tworzą fazę smektyczną niezależnie od rodzaju opłaszczenia pierwotnego.

ROZDZIAŁ VII

Charakterystyka Związków Chemicznych Metodami Spektroskopowymi.

7.1. Kwas p – metylobenzoesowy.

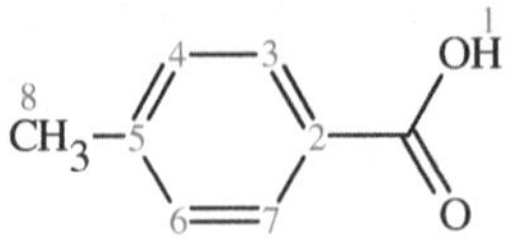

^{1}H NMR (200 MHz; $CDCl_3$):

δ [ppm]: 12,77 (1H – H^1; s) 7,92 (2H – $C^{3,7}$; d; J = 8,5 Hz); 7,15 (2H – $C^{4,6}$; d; J = 8,5 Hz); 2,33 (3H – C^8; s).

7.2. Amidowe pochodne kwasu p – bromometylobenzoesowego.

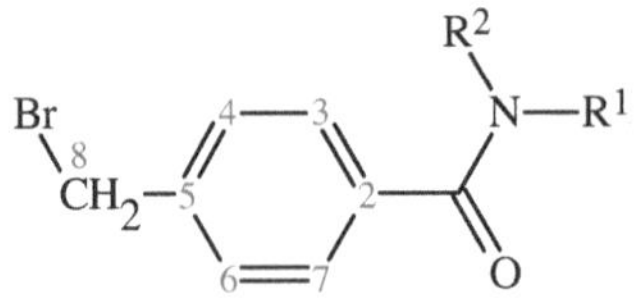

*Pochodna zawierająca ugrupowanie N,N – dicykloheksylowe(**4**).*

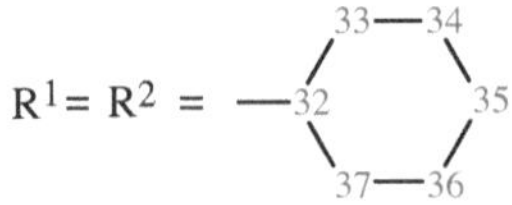

^{1}H NMR (200 MHz; $CDCl_3$):

δ [ppm]: 7,82 (2H – $C^{3,7}$; d; J = 8,5 Hz); 7,01 (2H – $C^{4,6}$; d; J = 8,5 Hz); 4,29 (2H – C^8; s); 3,81 (2H – C^{32}; tt; J_1 = 10,3 Hz, J_2 = 2,8 Hz); 1,698 (8H – $C^{33,37}$; m); 1,53 (8H – $C^{34,36}$; m); 1,38 (4H – C^{35}; m).

*Pochodna zawierająca ugrupowanie N – metylo – N – izopropylowe (**5**).*

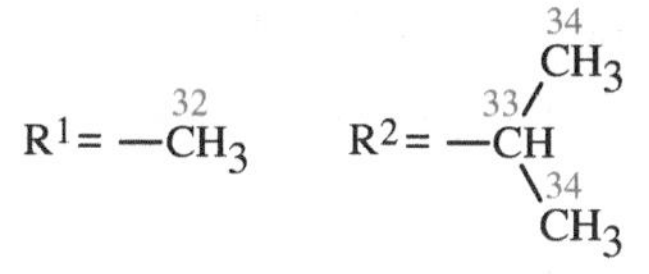

^{1}H NMR (200 MHz; CDCl$_3$):

δ [ppm]: 7,82 (2H – $C^{3,7}$; d; J = 8,5 Hz); 7,01 (2H – $C^{4,6}$; d; J = 8,5 Hz); 4,29 (2H – C^{8}; s); 4,21 (1H – C^{33}; septet; J_1 = 4,0 Hz; J_2 = 4,0 Hz; J_3 = 2,00 Hz); 2,74 (3H – C^{32}; s); 1,20 (6H – C^{34}; d; J = 2,0 Hz).

*Pochodna zawierająca ugrupowanie N, N – dibutylowe (**6**).*

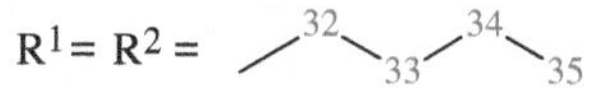

^{1}H NMR (200 MHz; CDCl$_3$):

δ [ppm]: 7,82 (2H – $C^{3,7}$; d; J = 8,5 Hz); 7,01 (2H – $C^{4,6}$; d; J = 8,5 Hz); 4,29 (2H – C^{8}; s); 3,26 (4H – C^{32}; t; J = 7,1 Hz); 1,58 (4H – C^{33}; m); 1,34 (4H – C^{34}; m); 0,88 (6H – C^{35}; t; J = 6,6 Hz).

*Pochodna zawierająca ugrupowanie N, N – dioktylowe (**7**).*

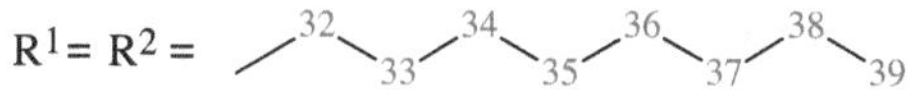

^{1}H NMR (200 MHz; CDCl$_3$):

δ [ppm]: 7,82 (2H – $C^{3,7}$; d; J = 8,5 Hz); 7,01 (2H – $C^{4,6}$; d; J = 8,5 Hz); 4,29 (2H – C^{8}; s); 3,27 (4H – C^{32}; t; J = 7,1 Hz); 1,56 (4H – C^{33}; m); 1,27 (20H – $C^{34,35,36,37,38}$; m); 0,87 (6H – C^{39}; t; J = 6,5 Hz).

7.3. Produkty reakcji Williamsona przyłączenia 4, 4' - dihydroksybifenolu (produkty reakcji były nierozpuszczalne w $CHCl_3$, więc zidentyfikowano je za pomocą spektrometrii mas).

*Pochodna zawierająca N,N – dicykloheksylowy łańcuch terminalny(**8**).*

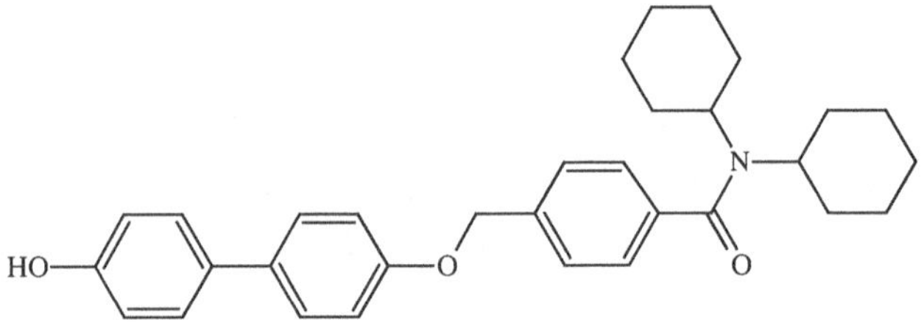

MS (TOF – ES+) : L = $C_{32}H_{37}NO_3$ M_L = 483,64g/mol; 484,4 (L + H^+); 506,4 (L + Na^+); 522,4 (L + K^+); 989,8 (2L + Na^+).

*Pochodna zawierająca N – izopropylo – N – metylowy łańcuch terminalny(**9**).*

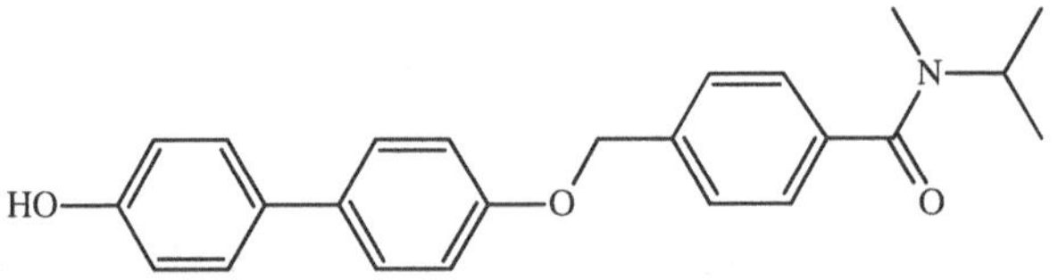

MS (TOF – ES+) : L = $C_{24}H_{25}NO_3$ M_L = 375,46g/mol; 398,3 (L + Na^+); 414,3 (L + K^+); 773,6 (2L + Na^+).

*Pochodna zawierająca ugrupowanie N, N – dibutylowy łańcuch terminalny (**10**).*

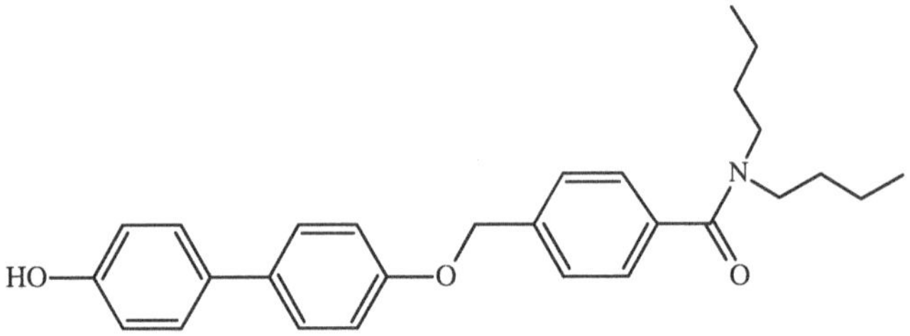

MS (TOF – ES+) : L = $C_{28}H_{33}NO_3$ M_L = 431,57g/mol; 454,6 (L + Na^+); 470,6 (L + K^+); 886,2 (2L + Na^+).

*Pochodna zawierająca ugrupowanie N, N – dioktylowy łańcuch terminalny (**11**).*

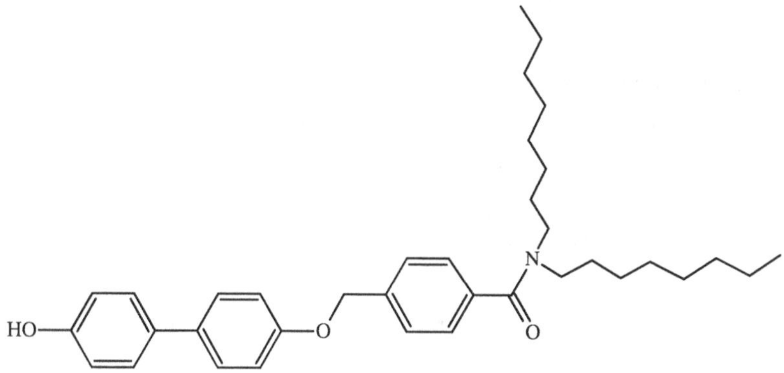

MS (TOF – ES+) : L = $C_{36}H_{49}NO_3$ M_L = 543,77g/mol; 566,8 (L + Na^+); 582,8 (L + K^+); 1110,54 (2L + Na^+).

7.4. Produkty reakcji Mitsunobu.

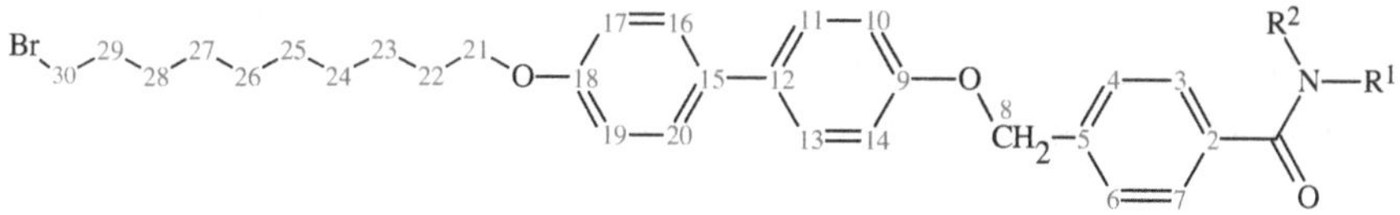

*Pochodna zawierająca ugrupowanie N,N – dicykloheksylowe(**12**) .*

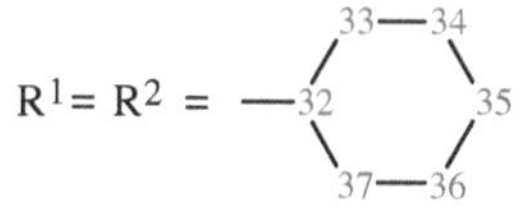

^{1}H NMR (500 MHz; $CDCl_3$):

δ [ppm]: 7,87 (2H – $C^{3,7}$; d; J = 8,5 Hz); 7,65 (2H – $C^{4,6}$; d; J = 8,5 Hz); 7,48 (4H – $C^{11,13,16,20}$; m); 6,99 (4H – $C^{10,14,17,19}$; m); 5,12 (2H – C^8; s); 3,99 (2H – C^{21}; t; J = 6,4 Hz); 3,41 (4H – $C^{30,32}$; m); 1,93 – 1,25 (36H – $C^{22-29;\,33-37}$; m).

*Pochodna zawierająca ugrupowanie N – metylo – N – izopropylowe (**13**).*

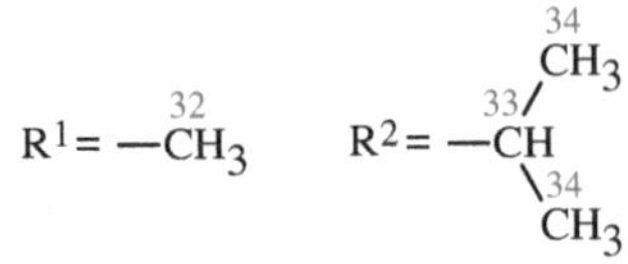

^{1}H NMR (500 MHz; $CDCl_3$):

δ [ppm]: 7,87 (2H – $C^{3,7}$; d; J = 8,5 Hz); 7,65 (2H – $C^{4,6}$; d; J = 8,5 Hz); 7,48 (4H – $C^{11,13,16,20}$; m); 6,99 (4H – $C^{10,14,17,19}$; m); 5,12 (2H – C^8; s); 3,98 (3H – $C^{21,33}$; m); 3,41 (2H - C^{30}; t; J = 6,8 Hz); 2,87 (3H – C^{32}; m); 1,92 – 1,32 (16H – C^{22-29}; m); 1,25 – 1,17 (6H – C^{34}; m).

*Pochodna zawierająca ugrupowanie N, N – dibutylowe (**14**).*

^{1}H NMR (500 MHz; $CDCl_3$):

δ [ppm]: 7,87 (2H – $C^{3,7}$; d; J = 8,5 Hz); 7,65 (2H – $C^{4,6}$; d; J = 8,5 Hz); 7,48 (4H – $C^{11,13,16,20}$; m); 6,99 (4H – $C^{10,14,17,19}$; m); 5,12 (2H – C^8; s); 3,98 (2H – C^{21}; t; J = 6,5 Hz); 3,49 – 3,34 (4H – $C^{32,30}$; m), 3,20 (2H – C^{32} ; bt); 1,85 (2H – C^{22}; q; J_1 = 7,0 Hz; J_2 = 7,5 Hz);1,79 (2H – C^{29}; q; J_1 = 6,5 Hz; J_2 = 8,0 Hz); 1,65 – 1,19 (20H – $C^{23-28;\ 33-35}$; m); 0,88 (6H – C^{35}; m).

*Pochodna zawierająca ugrupowanie N, N – dioktylowe (**15**).*

^{1}H NMR (500 MHz; $CDCl_3$):

δ [ppm]: 7,87 (2H – $C^{3,7}$; d; J = 8,5 Hz); 7,65 (2H – $C^{4,6}$; d; J = 8,5 Hz); 7,48 (4H – $C^{11,13,16,20}$; m); 6,99 (4H – $C^{10,14,17,19}$; m); 5,12 (2H – C^8; s); 3,98 (2H – C^{21}; t; J = 6,5 Hz); 3,47; 3,19 (4H – C^{32} ; bt); 3,40 (2H – C^{30}; t; J = 6,83 Hz); 1,85 (2H – C^{22}; q; J_1 = 7,0 Hz; J_2 = 7,5 Hz);1,79 (2H – C^{29}; q; J_1 = 6,5 Hz; J_2 = 8,0 Hz); 1,65 – 1,19 (36H – $C^{23-28;\ 33-38}$; m); 0,88 (6H – C^{39}; m).

7.5. Produkty reakcji wymiany atomu bromu na grupę merkaptanową.

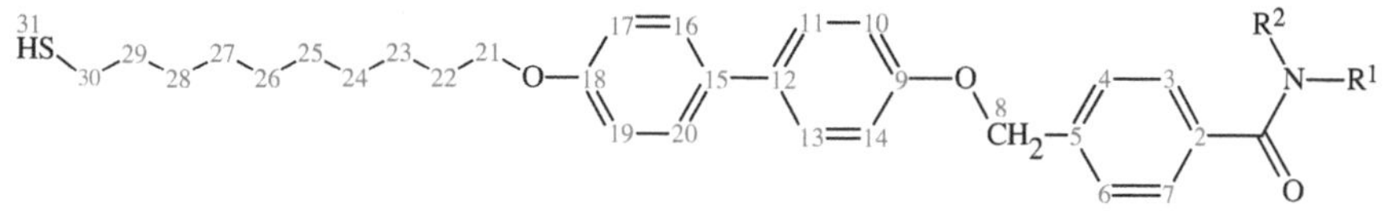

*Pochodna zawierająca ugrupowanie N,N – dicykloheksylowe (**16**).*

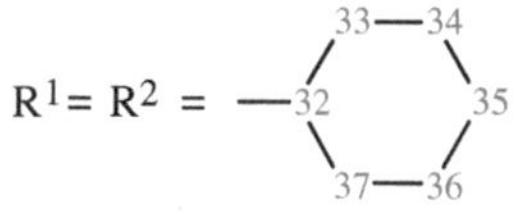

^{1}H NMR (500 MHz; $CDCl_3$):

δ [ppm]: 7,87 (2H – $C^{3,7}$; d; J = 8,5 Hz); 7,65 (2H – $C^{4,6}$; d; J = 8,5 Hz); 7,48 (4H – $C^{11,13,16,20}$; m); 6,99 (4H – $C^{10,14,17,19}$; m); 5,12 (2H – C^{8}; s); 3,98 (2H – C^{21}; t; J = 6,4 Hz); 3,53 (2H – C^{32}; tt; J_1 = 21 Hz; J_2 = 6,4 Hz); 2,50 (2H – C^{30}; t; J = 7,4 Hz); 1,89 – 1,15 (37H – $C^{22-29;31;33-37}$; m).

*Pochodna zawierająca ugrupowanie N – metylo – N – izopropylowe (**17**).*

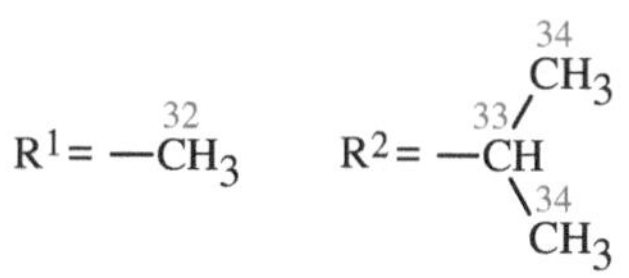

^{1}H NMR (500 MHz; $CDCl_3$):

δ [ppm]: 7,87 (2H – $C^{3,7}$; d; J = 8,5 Hz); 7,65 (2H – $C^{4,6}$; d; J = 8,5 Hz); 7,48 (4H – $C^{11,13,16,20}$; m); 6,99 (4H – $C^{10,14,17,19}$; m); 5,12 (2H – C^{8}; s); 3,98 (2H – C^{21}; t; J = 6,6 Hz); 2,87 (3H – C^{32}; m); 2,68 (2H – C^{30}; t; J = 7,0 Hz); 1,86 – 1,25 (18H – $C^{22-29;31;33}$; m); 1,17 (6H – C^{34}; m).

*Pochodna zawierająca ugrupowanie N, N – dibutylowe (**18**).*

^{1}H NMR (500 MHz; $CDCl_3$):

δ [ppm]: 7,87 (2H – $C^{3,7}$; d; J = 8,5 Hz); 7,65 (2H – $C^{4,6}$; d; J = 8,5 Hz); 7,48 (4H – $C^{11,13,16,20}$; m); 6,99 (4H – $C^{10,14,17,19}$; m); 5,12 (2H – C^{8}; s); 3,98 (2H

– C^{21}; t; J = 6,6 Hz); 3,49 – 3,34 (4H – C^{32}; m), 2,52 (2H – C^{30}; m); 1,86 – 0,79(31H – $C^{22-29;\,31;\,33-35}$;m).

*Pochodna zawierająca ugrupowanie N, N – dioktylowe (**19**).*

$R^1 = R^2 =$ 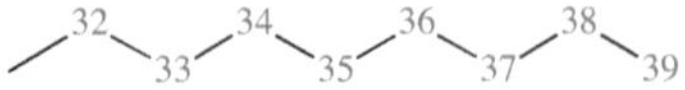

^{1}H NMR (500 MHz; $CDCl_3$):

δ [ppm]: 7,87 (2H – $C^{3,7}$; d; J = 8,5 Hz); 7,65 (2H – $C^{4,6}$; d; J = 8,5 Hz); 7,48 (4H – $C^{11,13,16,20}$; m); 6,99 (4H – $C^{10,14,17,19}$; m); 5,12 (2H – C^{8}; s); 3,98 (2H – C^{21}; t; J = 6,5 Hz); 3,47; 3,19 (4H – C^{32} ; bt); 3,40 (2H – C^{30}; t; J = 6,83 Hz); 1,85 (2H – C^{22}; q; J_1 = 7,0 Hz; J_2 = 7,5 Hz);1,79 (2H – C^{29}; q; J_1 = 6,5 Hz; J_2 = 8,0 Hz); 1,65 – 1,19 (36H – $C^{23-28;\,31,\,33-38}$; m); 0,88 (6H – C^{39}; m).

ROZDZIAŁ VIII

Widma ^{1}HNMR Związków Finalnych

Związek **16**.

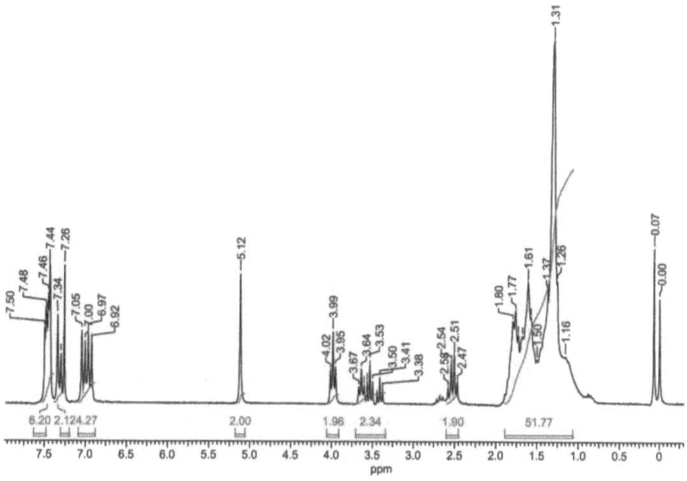

Związek **17**.

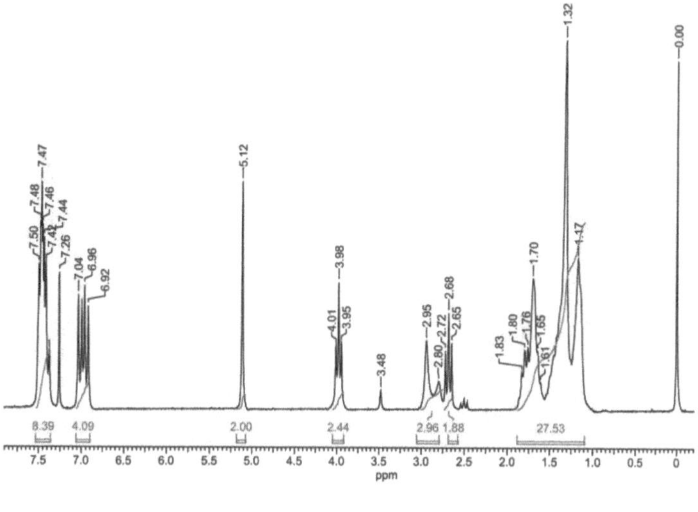

Związek **18**.

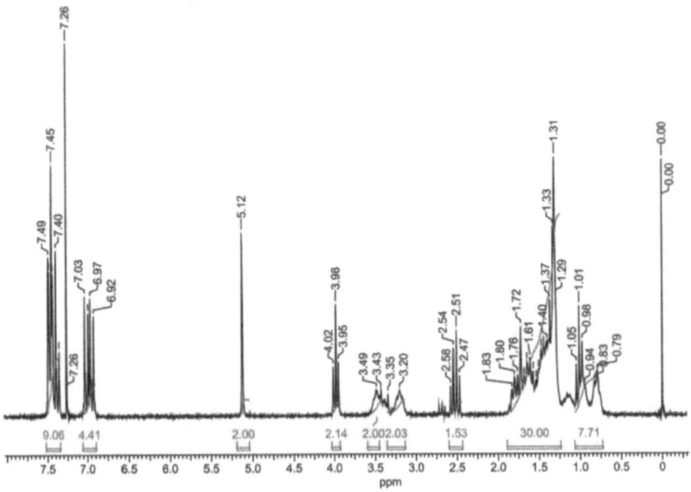

Związek **19**.

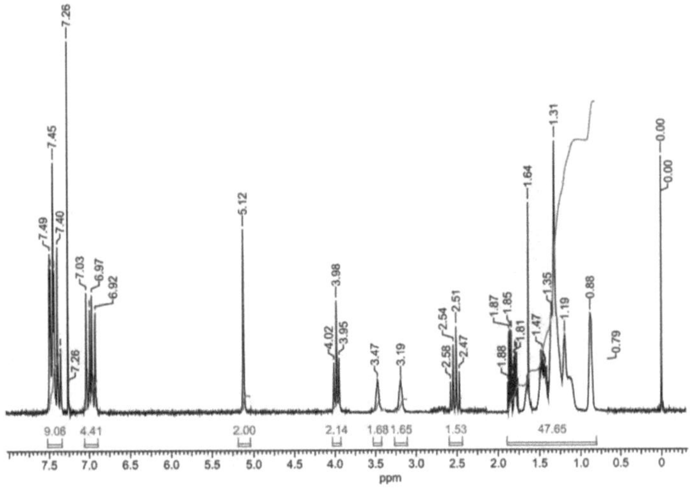

ROZDZIAŁ IX

Literatura

1. R. W. Kelsall, I. W. Hamley, M. Geoghegan, „*Nanotechnologie*", 2008, PWN.

2. I. In, Y – W. Jun, Y. J. Kim, S. Y. Kim, *Chemical Communications*, **2005**, 800 – 801.

3. K. Gomola, L. Guo, S. Dhara, Y. Shimbo, E. Gorecka, D. Pociecha, J. Mieczkowski, H. Takezoe, *Journal of Materials Chemistry*, **2008**, 4240 – 4247.

4. S. Kumar., S. Pal, P. Kumar, V. Lakshminarayanan, *Soft Matter*, **2007**, 3, 896 – 900.

5. G. Schmid, B. Corani, *European Journal of Inorganic Chemistry*, **2003**, 3081 – 3098.

6. N. Dimitratos, F. Porta, L. Prati, A. Villa, *Catalysis Letters*, **2005**, 99, 181 – 185.

7. Didier Astruc, „*Nanoparticles and Catalysis*", **2008**, Wiley

8. R. J. Tseng, C. L. Tsai, L. P. Ma, J. Y. Quyang, *Nature Nanotechnology*, **2006**, 1, 72 – 77.

9. X. Huang, I. H. El-Sayed, W. Qian, M. A. El-Sayed, *Journal of the American Chemcal Society*, **2006**, 128, 2115 – 2120.

10. H. K. Yang, J. H. Jeong, *The Journal of Physical Chemistry C*, **2010**, 114, 226 – 230.

11. V. V. Debhade, T. R. R. Mohan, P. Ramakrishnan, *Powder Technology*, **2007**, 3, 171 – 177.

12. J. R. Rawers, *Nanostructured Materials*, **1999**, 8, 1055.

13. F. Sanchez, K. Sobolev, *Construction and Building Materials*, **2010**, doi:10.1016/j.conbuildmat.2010.03.014.

14. E. Menard, M. A. Meitl, Y. Sum, J. – U. Park, D. J. – L. Shir, Y. – S. Nom, S. Jeon, J. A. Rogers, *Chemical Reviews*, **2007**, 107, 1117 – 1160.

15. L. J. Guo, *Journal of Physics D: Applied Physics,* **2004**, 37(11), R123 – R141.

16. M E Stewart, M J Motala, Jimin Yao, L B Thompson, R G Nuzzo, *Proc. IMechE Vol. 220 Part N: J. Nanoengineering and Nanosystems*, 81 – 138.

17. M. – C. Daniel, D. Astruc, *Chemical Reviews*, **2004**, Vol. 104, 293-346.

18. J. Turkevitch; P. C. Stevenson,; J. Hillier, *Discussions of the Faraday Society*, **1951**, *11*, 55-75.

19. G. Frens, *Nature: Phys. Sci.* **1973**, 241, 20-22.

20. M. Brust, M. Walker, D. Bethell, D. J. Schiffrin, R. Whyman, *Journal of the Chemical Society, Chemical Communications articles*, **1994**, 801 – 802.

21. X. Huang, H. Wu, X. Liao, B. Shi*a, Green Chemistry*, **2010**, *12*, 395–399

22. J. C. Scaiano, P. Billone, C. M. Gonzalez, L. Maretti, M. L. Marin, K. L. McGilvray, N. Yuan, *Pure and Applied Chemistry*, **2009**, 81, 635–647.

23. J. Biswal, S.P.Ramnani, R.Tewari, G.K.Dey, S.Sabharwal, *Radiation Physics and Chemistry*, **2010**, 79, 441–445.

24. K. Okitsu, M. Ashokkumar, F. Grieser**,** The *Journal of Physical Chemistry B*, **2005**, 109, 635–647.

25. K. B. Narayanan, N. Sakthivel; *Advances in Colloid and Interface Science*, 2010, 156, 1-13

26. K. Kalishwaralal, V. Deepak, S. R. K. Pandian, M. Kottaisamy, S. BarathManiKanth, B. Kartikeyan, S. Gurunathan; *Colloids and Surfaces B: Biointerfaces*, 2010, 77, 257 – 262.

27. T. Ikeda, *Chemical Communications*, **2001**, 2640 – 2641.

28. M. Wójcik, W. Lewandowski, J. Matraszek, J. Mieczkowski, J. Borysiuk, D. Pociecha, E. Gorecka, *Angewandte Chemie International Edition*, **2009**, 8, 5167 – 5169.

29. V. Marx, H. Girgis, P. Heiney, T. Hegmann, *Journal of Materials Chem*istry, 2008, **18**, 2983-2994.

30. M. Yamada, Z. Shen, M. Miyake, *Chemical Communications*, **2006**, 2569 – 2571.

31. Z. Shen, M. Yamada, M. Miyake, *Journal of the American Chemical Society*, **2007**, 129, 14271 – 14280.

32. Q. Liu, Y. Cui, D. Gardner, X. Li, S. He, I. I. Smalyukh, *Nano Letters*, **2010**, 10, 1347 – 1353.

33. W. J. Padilla, A. J. Taylor, *Physical Review Letters*, **2006**, 96, 107401.

34. R. A. Sparling, W. J. Parak, *Philosophical Transactions of the Royal Society A*, **2010**, 368, 1333 – 1383.

35. Z. Nie, A. Petukhowa, E. Kumachewa, *Nature Nanotechnology*, **2010**, 5, 15 – 25.

36. D. G. Georganopoulou, L. Chang, J-M. Nam, C. S. Thaxton, E. J. Mufson, W. L. Klein and C. A. Mirkin, *The Proceedings of the National Academy of Sciences Online* , **2005**, 2273 – 2276.

37. R. Elghanian, J. J. Storhoff, R. C. Mucic, R. L. Letsinger, C. A. Mirkin, *Science*, **1997**, 277, 1078 – 1081.

38. J. S. Lee, M. S. Han, C. A. Mirkin, *Angewandte Chemie International Edition*, **2007**, 46, 4093 – 4096.

39. Y. Choi, N. H. Ho, C. H. Tung, , *Angewandte Chemie International Edition*, **2007**, 46, 707 – 709.

40. C. Genet, T. W. Ebbesen, *Nature*, **2007**, 39, 445.

41. N. Fang, H. Lee, C. Sum, X. Zhang, *Science*, **2005**, 308, 534.

42. V. K. S. Hsiao, Y. B. Zheng, B. K. Julun, T. J. Huang, *Advanced Materials*, **2008**, 20, 3528 – 3532.

43. J. Kneipp, H. Kneipp, K, Kneipp, *Chemical Society Reviews*, **2008**, 37, 1052 – 1060.

44. X. Huang,I. H. El-Sayed,W. Qian and M. A. El-Sayed, *Journal of the American Chemical Soc*iety, **2006**, 128, 2115-2120).

45. M. Eghtedari, A. V. Liopo, J. A. Copland, A. A. Oraevsky, M. Motamedi, *Nano Letters*, **2009**, 287 – 291

46. I. H. El-Sayed, X. Huang, M. A. El-Sayed, *Nano Letters*, **2005**, 5, 829-834.

47. L. R. Hirsch, R. J. Stafford, J. A. Bankson, S. R. Sershen, B. Rivera, R. E. Price, J. D. Hazle, N. J. Halas and J. L. West, *PNAS*, **2003**, 100, 13549-13554.

48. X. Huang,I. H. El-Sayed,W. Qian and M. A. El-Sayed, *Journal of the American Chemical Soc*iety, **2006**, 128, 2115-2120).

Wykaz skrótów:

AuNPs – nanocząstki złota

AuNPs@C_x - nanocząstki z ligandem pierwotnym C_x

AuNPs@C_x/Y - nanocząstki złota z ligandem pierwotnym C_x zmodyfikowane powierzchniowo ligandem Y.

DIAD – ester diizopropylowy kwasu azodikarboksylowego

DMF – N, N – dimetyloformamid

DSC – skaningowa kalorymetria różnicowa

HMDT – siarczek bis (trimetylosillilowy)

LC – faza ciekłokrystaliczna

NPs – nanocząstki

TBAF – fluorek tetrabutyloamoniowy

TOMAC – chlorek trioktylo – metylo – amoniowy

TPP – trifenylofosfina

More Books!

yes i want morebooks!

Kaufen Sie Ihre Bücher schnell und unkompliziert online – auf einer der am schnellsten wachsenden Buchhandelsplattformen weltweit! Dank Print-On-Demand umwelt- und ressourcenschonend produziert.

Bücher schneller online kaufen

www.morebooks.de

Kupuj książki online szybko i bezpośrednio – w jednej z najszybciej rozwijających się księgarni w Internecie! Stosujemy przyjazną dla środowiska metodę druku na żądanie (Print-on-Demand).

Kupuj książki online na

www.morebooks.de

VDM Verlagsservicegesellschaft mbH

VDM Verlagsservicegesellschaft mbH
Heinrich-Böcking-Str. 6-8
D - 66121 Saarbrücken
Telefon: +49 681 3720 174
Telefax: +49 681 3720 1749
info@vdm-vsg.de
www.vdm-vsg.de

MIX
Papier | Fördert gute Waldnutzung
FSC® C083411

Kolibri 360 GmbH
Ferdinand-Jühlke-Straße 7
99095 Erfurt, Deutschland
produktsicherheit@kolibri360.de

Druck:
CPI Druckdienstleistungen GmbH
im Auftrag der
Kolibri 360 GmbH
Ferdinand-Jühlke-Str. 7
99095 Erfurt